大数据/人工智能系列教材

Python 图像处理与机器视觉入门

主　编　李　钦
副主编　蔡明鹏　杨　耿　赖　红　杨金坤

电子工业出版社

Publishing House of Electronics Industry

北京·BEIJING

图书在版编目（CIP）数据

Python 图像处理与机器视觉入门 / 李钦主编. —北京：电子工业出版社，2024.5

ISBN 978-7-121-47183-4

Ⅰ．①P… Ⅱ．①李… Ⅲ．①图像处理软件—高等学校—教材 Ⅳ．①TP391.413

中国国家版本馆 CIP 数据核字(2024)第 031870 号

责任编辑：贺志洪
印　　刷：涿州市京南印刷厂
装　　订：涿州市京南印刷厂
出版发行：电子工业出版社
　　　　　北京市海淀区万寿路 173 信箱　邮编：100036
开　　本：787×1092　1/16　印张：13.25　字数：322 千字
版　　次：2024 年 5 月第 1 版
印　　次：2024 年 5 月第 1 次印刷
定　　价：44.00 元

凡所购买电子工业出版社图书有缺损问题，请向购买书店调换。若书店售缺，请与本社发行部联系，联系及邮购电话：（010）88254888，88258888。

质量投诉请发邮件至 zlts@phei.com.cn，盗版侵权举报请发邮件至 dbqq@phei.com.cn。

本书咨询联系方式：hzh@phei.com.cn，010-88254609。

前　言

　　党的二十大报告强调，"推动战略性新兴产业融合集群发展，构建新一代信息技术、人工智能、生物技术、新能源、新材料、高端装备、绿色环保等一批新的增长引擎"。当前，人工智能日益成为引领新一轮科技革命和产业变革的核心技术，在制造、金融、教育、医疗和交通等领域的应用场景不断落地，极大改变了既有的生产生活方式。图像处理与机器视觉作为人工智能的重要组成部分,在人工智能产业落地的过程中扮演着举足轻重的角色。本教材立足于为国家培养图像处理与机器视觉领域的青年科技人才、卓越工程师、大国工匠、高技能人才，精选了图像处理与机器视觉领域的8个典型工作任务，分别为图像的几何变换、图像增强、图像特征提取、图像分割、图像修复、图像美颜、增强现实、视频处理，帮助读者在实际的工作任务中完成知识与技能的学习。所有的工作任务均采用人工智能领域主流的Python语言实现，并附有浅显易懂的理论讲解，帮助学生彻底掌握图像处理与机器视觉领域典型任务的工作技能，成长为高技能人才。

　　人工智能作为引领新一轮科技革命和产业变革的核心技术，需要更多的青年工程师的加入，进行原创性科技攻关。鉴于此，为培养青年学生的原创精神、原创能力，本教材对图像处理与机器视觉领域的典型工作任务背后的数学原理，包括图像点运算、矩阵运算、向量运算、相关、卷积、时频域分析、主元分析、支持向量机、形态学、深度学习、凸优化、拉格朗日乘子、KKT条件、对偶问题、梯度下降等，进行了浅显易懂的讲解。学生在编程解决实际问题的同时，也能学习到一系列的人工智能领域的数学知识，做到了知其然且知其所以然，从而培养了创新精神与创新能力。因此，本书不仅能作为学生学习解决图像处理与机器视觉领域工程问题的技术学习书，也能作为学生考研的专业课入门级参考书。当然，致力于解决工程问题的学生也可以跳过书中的数学部分，直接学习编程。

　　本教材由李钦主编，蔡明鹏、杨耿、赖红、人工智能独角兽企业深圳市商汤科技有限公司机器视觉工程师杨金坤副主编。具体写作分工如下：李钦负责第5、6、7、8章，蔡明鹏负责第1、9、10章、杨耿负责第2、3章，赖红负责第4章，商汤科技有限公司机器视觉工程师杨金坤负责第11、12、13章。

本教材在编写过程中参考了大量的相关文献，学习了业内同仁的宝贵经验，得到了深圳市商汤科技有限公司大量的技术支持，在此表示感谢。由于编者水平有限，书中难免存在不足与疏漏之处，敬请广大读者给出宝贵意见。

本教材附有教学视频可扫描二维码观看，配备的教学PPT，以及实验用到的数据集，可到华信教育资源网（www.hxedu.com.cn）免费注册下载。

Python 图像处理与
机器视觉入门

编者

2023 年 9 月

目　　录

1 Python 1

    1.1　搭建环境 1

        1.1.1　安装Python 1

        1.1.2　安装PyCharm 5

        1.1.3　创建PyCharm项目 8

    1.2　Python基础 9

        1.2.1　基础语法 9

        1.2.2　标准数据类型 12

        1.2.3　条件控制 14

        1.2.4　循环结构 14

        1.2.5　函数 16

        1.2.6　错误和异常 18

        1.2.7　模块 20

    1.3　本书所用依赖库 21

        1.3.1　依赖库介绍 21

        1.3.2　依赖库安装 23

2 图像处理与机器视觉 26

    2.1　基本概念 26

    2.2　应用场景 26

3 图像的点运算 29

    3.1　基本概念 29

    3.2　线性变换 29

    3.3　伽马变换 33

    3.4　直方图均衡化 36

    3.5　章节练习 41

4 图像的几何变换 43

    4.1　基本概念 43

    4.2　平移变换 44

4.3　缩放变换 46

4.4　旋转变换 49

4.5　插值运算 52

4.6　仿射与投影 59

4.7　图像配准 61

4.8　章节练习 64

5　空间域图像增强 66

5.1　基本概念 66

5.2　相关与卷积 66

5.3　图像的低通滤波与高通滤波 70

5.4　图像降噪 71

5.5　图像锐化 79

5.6　章节练习 86

6　频率域图像增强 87

6.1　基本概念 87

6.2　傅里叶变换 87

6.3　离散余弦变换 88

6.4　小波变换 96

6.5　章节练习 103

7　图像特征提取 104

7.1　基本概念 104

7.2　主元分析 104

7.2.1　主元分析与人脸识别 104

7.2.2　分类性能指标 110

7.2.3　支持向量机 115

7.3　深度神经网络 125

7.3.1　简单线性回归与最小二乘法 126

7.3.2　梯度下降 128

7.3.3　多元线性回归 132

7.3.4　逻辑回归与神经元 133

7.3.5　神经网络与深度神经网络 133

7.3.6　误差反向传播法 134

7.3.7　激活函数 136

7.3.8　全连接网络与卷积神经网络 138

7.4　基于卷积神经网络的图像分类 140

7.5 章节练习 142

8 图像分割 143
8.1 基本概念 143
8.2 基于直方图分析的图像分割 143
8.3 基于神经网络的图像分割 145
8.3.1 任务类别 145
8.3.2 应用场景 145
8.3.3 语义分割模型DeepLabV3Plus 146
8.3.4 使用PaddlePaddle训练DeepLabV3Plus模型 148
8.4 章节练习 153

9 图像修复 154
9.1 基本概念 154
9.2 图像修复的研究领域 154
9.3 基于深度学习的图像修复 155
9.4 图像修复模型CMFNet 156
9.5 章节练习 171

10 图像美颜 172
10.1 基本概念 172
10.2 美颜技术 172
10.3 章节练习 179

11 图像形态学 180
11.1 基本概念 180
11.2 腐蚀操作 180
11.3 膨胀操作 181
11.4 开操作 182
11.5 闭操作 183
11.6 红细胞计数 184
11.7 章节练习 187

12 增强现实 188
12.1 基本概念 188
12.2 相机矫正 188
12.3 姿势估计 191
12.4 章节练习 195

13 视频处理 196
13.1 简介 196

13.2 目标跟踪 196

13.3 视频分割 200

13.4 章节练习 202

参考文献 203

1　Python

Python的当前主流版本是Python3，Python2已经逐渐退出舞台，所以本书使用Python3作为案例开发语言。鉴于大多数读者使用的都是Windows系统，所以本书也只在Windows系统下进行案例开发，介绍的相关知识也是基于Windows系统的。

1.1　搭建环境

1.1.1　安装 Python

（1）在国内访问Python官网较为缓慢，但是好在有许多优秀的国内开源镜像供我们使用，此处使用淘宝提供的镜像源下载。进入镜像源网站 https://npm.taobao.org/mirrors/python/，可以看到所提供的Python版本。Python版本目录如图1.1所示。

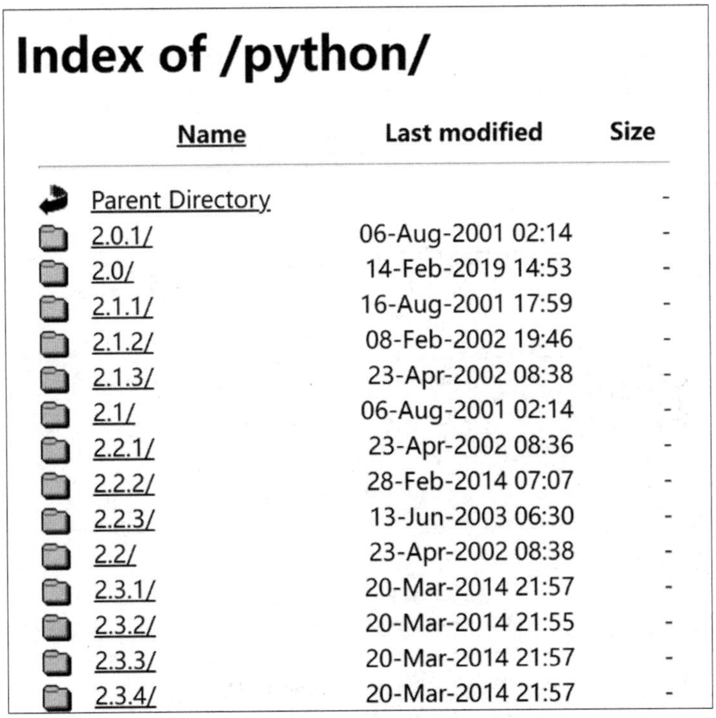

Index of /python/

Name	Last modified	Size
Parent Directory		-
2.0.1/	06-Aug-2001 02:14	-
2.0/	14-Feb-2019 14:53	-
2.1.1/	16-Aug-2001 17:59	-
2.1.2/	08-Feb-2002 19:46	-
2.1.3/	23-Apr-2002 08:38	-
2.1/	06-Aug-2001 02:14	-
2.2.1/	23-Apr-2002 08:36	-
2.2.2/	28-Feb-2014 07:07	-
2.2.3/	13-Jun-2003 06:30	-
2.2/	23-Apr-2002 08:38	-
2.3.1/	20-Mar-2014 21:57	-
2.3.2/	20-Mar-2014 21:55	-
2.3.3/	20-Mar-2014 21:57	-
2.3.4/	20-Mar-2014 21:57	-

图 1.1　Python 版本目录（部分）

（2）读者可以选择任一Python 3.8版本进行下载，本书使用的版本为Python 3.8.9，所以此处选择Python 3.8.9，如图1.2所示。进入目录后下载Windows 64位对应的exe安装包“python-3.8.9-amd64.exe”。

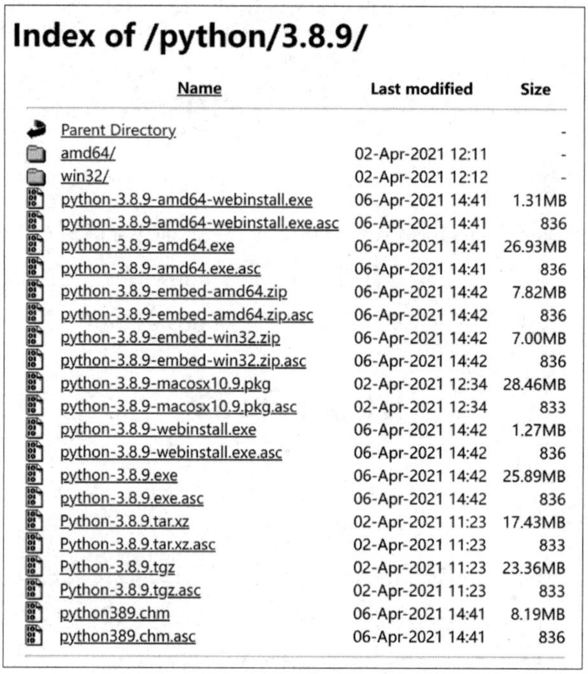

图 1.2　Python3.8.9 目录

（3）打开下载好的exe文件，根据提示进行安装。"Install Now"为默认安装，"Customize installation"为自定义安装。如果选择"Install Now"则记得要勾选"Add Python 3.8 to PATH"，安装时将会自动配置好相关的系统环境变量，如图1.3所示。

图 1.3　Python 默认安装界面

（4）选择"Customize installation"则进入"Optional Features"界面，如图1.4所示，一般按照默认的选择就可以（即全选）。

（5）下一步进入"Advanced Options"界面，如图1.5所示。该步骤主要用于修改程序的安装目录，其他保持默认设置就行。

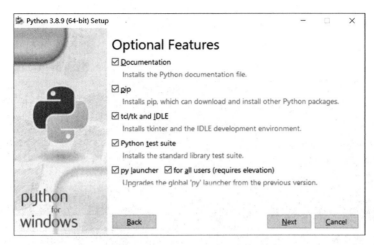

图 1.4 "Optional Features"界面

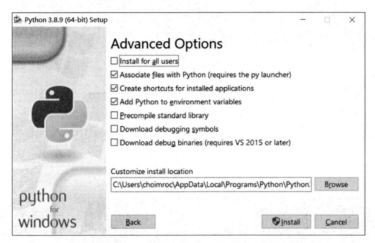

图 1.5 "Advanced Options"界面

（6）继续下一步操作，等待安装完成、安装完成如图1.6所示。

图 1.6 Python 安装完成

（7）安装完成后可以打开"命令提示符"即"cmd"，输入"python"，如果安装成功则会显示相应的信息并进入Python命令模式，如图1.7所示。

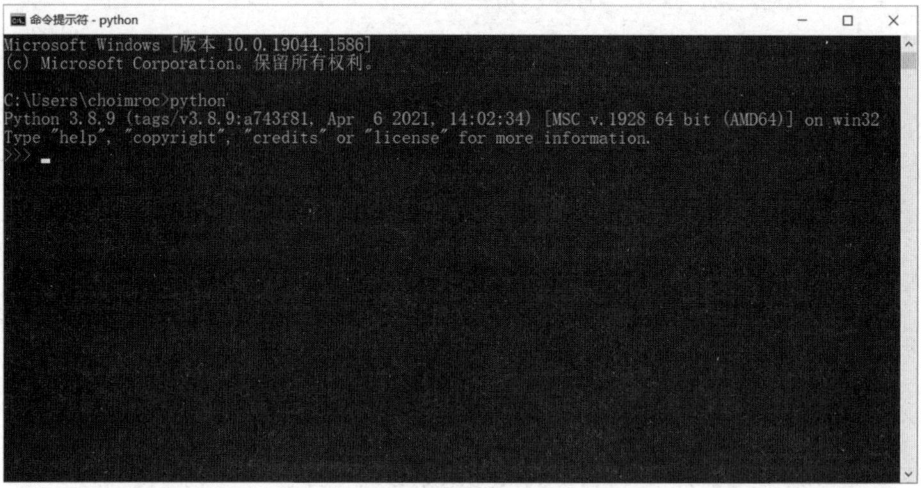

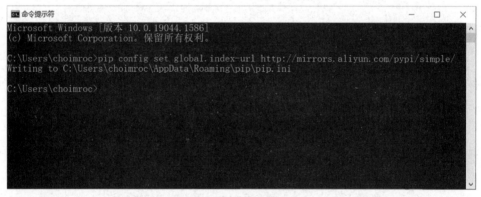

图 1.7　验证安装成功

（8）配置pip源。pip是Python官方提供的包管理工具，提供了对Python依赖库的查找、下载、安装、卸载的功能。前面提到在国内访问Python官网较为缓慢，使用pip下载依赖库时默认的官方源同样也很慢，所以需要替换国内的源。作者选用的是阿里云提供的源，如图1.8所示，一些常用的国内pip源如下。

图 1.8　配置 pip 全局源

- 清华大学：https://pypi.tuna.tsinghua.edu.cn/simple。
- 阿里云：https://mirrors.aliyun.com/pypi/simple。
- 中国科学技术大学：https://pypi.mirrors.ustc.edu.cn/simple。
- 豆瓣：https://pypi.douban.com/simple。

（9）打开"命令提示符"，输入以下命令即可配置全局的pip源。

```
pip config set global.index-url https://mirrors.aliyun.com/pypi/simple/
```

1.1.2 安装 PyCharm

PyCharm是由著名的软件公司JetBrains打造的一款Python IDE（集成开发环境）。PyCharm提供智能代码补全、代码检查、实时错误高亮显示和快速修复，还有自动化代码重构和丰富的导航等功能。PyCharm是当前最流行的Python IDE之一，也是本书案例编码所使用的IDE。

（1）进入PyCharm的中国官网。PyCharm首页如图1.9所示。

图 1.9　PyCharm 首页

（2）单击"Download"按钮进入下载页面，如图1.10所示。

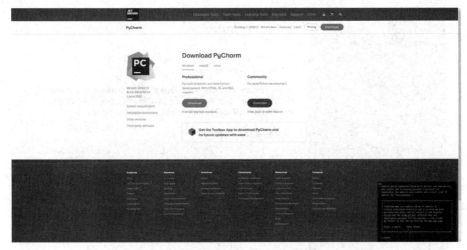

图 1.10　PyCharm 下载页面

（3）可以选择"Professional"（专业）版和"Community"（社区）版，专业版试用30天后需要购买激活码才能继续使用，社区版则免费。两者的功能差异如图1.11所示。社区版足以应对书本中的案例编码。

	PyCharm Professional Edition	PyCharm Community Edition
智能Python编辑器	✓	✓
图形调试器和测试运行器	✓	✓
导航和重构	✓	✓
代码检查	✓	✓
VCS 支持	✓	✓
科学工具	✓	
Web开发	✓	
Python Web框架	✓	
Python分析器	✓	
远程开发能力	✓	
支持数据库和SQL	✓	

图 1.11　专业版和社区版对比

（4）打开下载好的exe文件进行安装，根据提示进行操作，一直单击"Next"按钮即可，如图1.12所示。

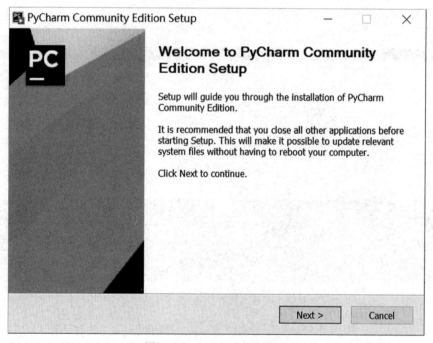

图 1.12　PyCharm 安装界面

（5）在这一步可以勾选"Create Desktop Shortcut"来创建桌面快捷键，如图1.13所示。

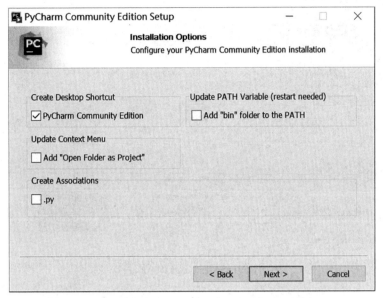

图 1.13　PyCharm "Installation Options"界面

（6）安装完成后勾选"Run PyCharm Community Edition"即可启动PyCharm，如图1.14所示。启动成功后可以看到如图1.15所示界面。

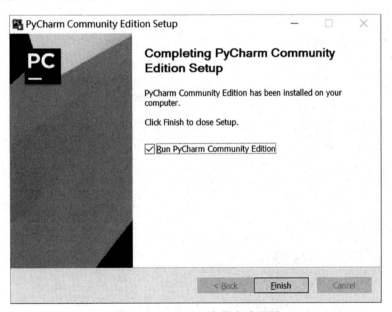

图 1.14　PyCharm 安装完成界面

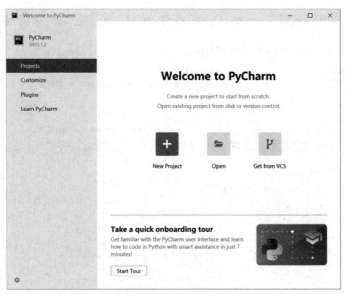

图 1.15　PyCharm 主界面

1.1.3　创建 PyCharm 项目

安装好PyCharm后即可创建新的Python项目，为新项目配置好开发环境，便能在PyCharm中进行Python编程及运行Python程序代码。

（1）单击主界面上的"New Project"，创建新的项目，如图1.16所示。在此处可以更改项目所在目录，以及所使用的开发环境。配置好Python相关环境变量后，PyCharm会自动检索出来。

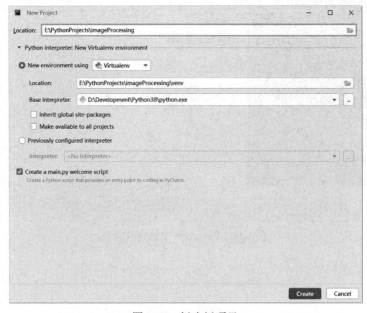

图 1.16　创建新项目

（2）在上一步中默认会勾选"Create a main.py welcome script"，在创建好新项目后会自动创建一个"main.py"文件。单击右上角的"Run"按钮即可运行程序，并在控制台（Python Console）输出运行结果，具体如图1.17所示。

图 1.17　运行"main.py"

1.2　Python 基础

本节对Python基础进行简要介绍，不详细展开讲解，如果读者需要进行更为详细的Python基础学习，建议另行阅读相关书籍或资料。

1.2.1　基础语法

1．标识符

第一个字符必须是字母表中的字母或下画线（＿），标识符的其他的部分由字母、数字和下画线组成。标识符对大小写敏感，并且不能使用保留字作为标识符。其实在Python3中，可以用非ASCII标识符作为变量名，即中文标识符也是允许的。但是一般来说并不建议使用非ASCII标识符，首先非ASCII标识符对于键盘来说输入不方便，其次非ASCII标识符在某些情况下会导致异常。

示例代码:

```
# 合法标识符
a=1
_a=1
中文标识符=1

# 非法标识符
@a=1
1a=1
False=1
```

2. 保留字

保留字即关键字，我们不能把它们用作任何标识符名称。Python的标准库提供了一个keyword模块，可以输出当前版本的所有关键字。

示例代码:

```
import keyword
print(keyword.kwlist)
```

输出结果:

```
['False', 'None', 'True', 'and', 'as', 'assert', 'async', 'await', 'break',
'class', 'continue', 'def', 'del', 'elif', 'else', 'except', 'finally', 'for',
'from', 'global', 'if', 'import', 'in', 'is', 'lambda', 'nonlocal', 'not', 'or',
'pass', 'raise', 'return', 'try', 'while', 'with', 'yield']
```

3. 行和缩进

Python使用缩进来区分代码行和代码块，缩进的空白数量是可变的，但是所有代码块语句必须包含相同的缩进空白数量，这个必须严格执行，否则会出现错误提醒。而按照约定俗成的惯例，应该始终坚持使用4个空格进行缩进。

示例代码:

```
if True:
    print("True")
else:
    print("False")
```

4. 多行语句

Python语句中一般以换行来标识一行语句的结束。但是我们可以使用反斜杠（\）将一行语句分为多行显示。

示例代码：

```
a = 1 * 2 \
    + 3 * 4 \
    + 5 * 6
```

5. 同一行显示多条语句

Python可以在同一行中编写多条语句，语句之间必须使用英文分号（;）进行分隔，但是该种写法并不提倡。

示例代码：

```
a = 1 + 2;b = 3 + 4;c = 5 + 6
```

6. 注释

Python中使用井字符（#）作为单行注释，一般使用三对英文双引号（"""）作为多行注释，不提倡使用三对英文单引号（'''）作为多行注释。

示例代码：

```
# 单行注释

'''
不提倡使用单引号作为多行注释
不提倡使用单引号作为多行注释
不提倡使用单引号作为多行注释
'''


"""
提倡使用双引号作为多行注释
提倡使用双引号作为多行注释
提倡使用双引号作为多行注释
"""
```

7. print 输出

Python3中print默认输出是换行的，如果要实现不换行则需要在变量末尾加上end=" "。

示例代码：

```
# 换行输出
print(1)
```

```
print(2)

# 不换行输出
print(1, end=" ")
print(2, end=" ")
print()
```

1.2.2　标准数据类型

Python3有6种标准数据类型。其中，3种不可变数据类型为Number（数字）、String（字符串）、Tuple（元组），3种可变数据类型为List（列表）、Dictionary（字典）、Set（集合）。

1. Numbers（数字）

数字数据类型用于存储数值，Python3支持4种不同的数字类型：int（有符号整型）、float（浮点型）、complex（复数）、bool（布尔型）。

示例代码：

```
# 整型
a = 1
# 浮点型
b = 1.0
# 复数
c = 1 + 0.1j
# 布尔类型可以当作整数来对待，即 True 相当于整数值 1，False 相当于整数值 0。
d = True + False
```

2. String（字符串）

Python3中的字符串字面量由单引号或双引号括起。多行字符串的形式同前面提到的多行注释的形式是一致的。

示例代码：

```
str1 = 'Hello World!'
str2 = "Hello World!"
str3 = '''Hello World!'''
str4 = """Hello World!"""
```

3. Tuple（元组）

元组一般使用圆括号()括起，内部元素使用逗号(，)分隔，内部的元素不能进行修改。

示例代码：

```
# 单一数据类型
tup1 = (1, 2, 3, 4, 5)
# 混合数据类型
tup2 = ('1', '2', 3, 4)
# 不使用圆括号 (不提倡)
tup3 = "a", "b", "c", "d"
# 访问元组元素
print(tup1[0])
# 修改元组内元素，此操作会出现异常，因为元组的元素禁止修改
tup1[0] = 11
```

4. List（列表）

列表一般使用圆括号（ ）括起，内部元素使用逗号（,）分隔，内部元素可以进行修改。每个值都有对应的位置值，称为索引，第一个值的索引为0，第二个值的索引为1，依此自然递增。

示例代码：

```
# 单一数据类型
list1 = [1, 2, 3, 4, 5]
# 混合数据类型
list2 = ['1', '2', 3, 4]
# 访问列表元素
print(list1[0])
# 修改列表内元素
list1[0] = 11
```

5. Set(集合)

集合是一个无序的不重复元素序列。Python3中可以使用花括号{ }或者set()函数创建集合。但需要注意的是，创建一个空集合必须用set()而不是{ }，因为{ }被用来创建一个空字典。

示例代码：

```
# 创建集合
set1 = {1, 2, 3, 3, 4}
# 创建空集合
set2 = ()
# 在输出的结果中只会有一个 3，因为集合不允许有重复的元素
print(set1)
print(type(set2))
```

6．Dictionary（字典）

字典可存储任意类型对象。字典的每个键值对（key=>value）用冒号（:）分割，每个键值对之间用逗号（,）分割，整个字典包括在括号{ }中。

示例代码：

```
# 创建字典
dict1 = {'key1': 'value1', 'key2': 2, 'key3': True}
# 创建空字典
dict2 = {}
# 访问字典内的值
print("key1:", dict1['key1'])
# 修改字典
dict1['key1'] = 'value2'
```

1.2.3　条件控制

Python只提供一种条件控制的方法，即if语句，if语句的关键字为if-elif-else。

示例代码：

```
year = int(input("请输入一个年份: "))
if (year % 4) == 0:
    if (year % 100) == 0:
        if (year % 400) == 0:
            # 整百年能被 400 整除的是闰年
            print("%d 是闰年" % year)
        else:
            print("%d 不是闰年" % year)
    else:
        # 非整百年能被 4 整除的为闰年
        print("%d 是闰年" % year)
else:
    print("%d 不是闰年" % year)
```

1.2.4　循环结构

1．for 循环

Python的for循环可以遍历任何可迭代对象（iter），如一个列表或者一个字符串等。for语句的关键字为for-in-else。当循环不满足条件时else块才会被执行。

示例代码：

```
languages = ["Python", "Java", "JavaScript", "C"]
for item in languages:
    print(item)
else:
    print("循环结束")
```

说到for循环就必须提到range()函数，Python内置的range()函数可以生成一个数列。
示例代码：

```
# range(5)会生成一个 0 到 4 共 5 个元素的列表
for i in range(5):
    print(i)
```

2. while 循环

Python的while循环只有在条件不满足时才会结束，如果条件一直满足则会造成无限循环。while语句关键字为while-else。
示例代码：

```
i = 0
while i < 5:
    print(i, "小于 5，循环继续")
    i = i + 1
else:
    print("循环结束")
```

3. break 和 continue

在for循环和while循环中都可以使用这两个语句。break语句可以跳出for和while的循环体。如果使用break终止for或while循环，则任何对应的循环中else块将不会被执行。
示例代码：

```
i = 0
while i < 5:
    print(i, "小于 5，循环继续")
    i = i + 1
    if i > 3:
        break
else:
    print("循环结束")
```

输出结果：

```
0 小于 5，循环继续
1 小于 5，循环继续
2 小于 5，循环继续
3 小于 5，循环继续
```

从输出结果可以看出，当i>3时会执行break语句，循环会提前结束，并且else块也没有被执行。continue语句则可以跳过当前循环块中的剩余语句，然后继续进行下一轮循环。

示例代码：

```
for i in range(5):
    if i == 3:
        continue
    print(i)
```

输出结果：

```
0
1
2
4
```

从输出结果可以看出，当i==3时会执行continue语句，后面的print语句就不再执行，所以输出结果中会少一个3。

1.2.5 函数

函数是组织好的，可重复使用的，用来实现单一，或相关联功能的代码段。函数能提高应用的模块性和代码的重复利用率。从前面的内容中，你已经知道Python提供的一些内建函数，如print()、range()，除此之外我们还可以自己创建函数，这被称为用户自定义函数。定义一个由自己想要功能的函数，需要遵循一些简单的规则：

- 函数代码块以def关键词开头，后接函数标识符名称和圆括号()。
- 任何传入参数和自变量必须放在圆括号中间，圆括号之间可以用于定义参数。
- 函数的第一行语句可以选择性地使用文档字符串——用于存放函数说明。
- 函数内容以冒号（：）起始，并且缩进。
- return [表达式]结束函数，选择性地返回一个值给调用方，不带表达式的return则相当于返回None。
- 空函数需要使用pass语句。

示例代码：

```python
# 无参函数
def hello_world():
    print("Hello World!")
# 有参函数
def hello(name):
    print("Hello,", name)
# 空函数
def blank():
    pass
# 调用函数
hello_world()
hello("Python")
blank()
```

函数的参数有四种类型：必需参数、关键字参数、默认参数和不定长参数。

（1）必需参数须以正确的顺序传入函数，调用时的数量必须和声明时的一样，不然会出现语法错误。

示例代码：

```python
def hello(name):
    print("Hello,", name)
hello()
```

输出结果：

```
Traceback (most recent call last):
  File "E:/PythonProjects/imageProcessing/main.py", line 5, in <module>
    hello()
TypeError: hello() missing 1 required positional argument: 'name'
```

（2）关键字参数和函数调用关系紧密，函数调用使用关键字参数来确定传入的参数值。使用关键字参数后允许函数调用的参数的顺序与声明时不一致，因为Python解释器能够用参数名匹配参数值。但是调用函数如果使用了关键字参数，则其后面的参数必须是在函数所声明的参数列表中位于该关键字参数后面的参数。

示例代码：

```python
def test(a, b):
    print(a, b)
# 正确调用
test('a', b='b')
```

```
test(a='a', b='b')
test(b='b')
# 错误调用
test(b='b', 'a')
```

（3）默认参数可以让函数调用更加方便。默认参数在调用函数时，可以不传递该参数，同时函数会使用默认参数。例如，调用函数时只传入参数a的值，但是最后输出1 2，因为b的默认值是2。

示例代码：

```
def test(a, b=2):
    print(a, b)
test(1)
```

（4）不定长参数适合在一个函数需要不固定地接收任意个参数时使用。Python自定义函数中有两种不定长参数，第一种是使用单星号（*），在传入额外的参数时可以不用指明参数名，直接传入参数值即可。第二种是使用双星号（**），这种类型返回的是字典，传入时需要指定参数名。单星号不定长参数会以元组的形式导入，存放所有未命名的变量参数。双星号不定长参数会以字典的形式导入，存放已命名的变量参数。同时不定长参数在调用函数不是必需的。

示例代码：

```
def test(a, *b, **c):
    print(a)
    print(b)
    print(c)
test(1, 'b', x=3, y=4)
```

输出结果：

```
1
('b',)
{'x': 3, 'y': 4}
```

1.2.6 错误和异常

在进行Python编程时，经常会看到一些报错信息，Python有两种错误很容易辨认：语法错误和异常。当然如果使用的是PyCharm这类带有智能提示和语法纠错的IDE则可以在编码阶段就发现很多语法错误和异常。

1. 语法错误

Python的语法错误（SyntaxError）又称为解析异常。例如，在定义函数时缺少了冒号，所以会出现语法错误。语法分析器指出了出错代码所在的行，并且在最先找到的错误的位置标记了一个小小的箭头。

示例代码：

```
def test(a)
    print(a)
```

输出结果：

```
 File "E:/PythonProjects/imageProcessing/main.py", line 1
  def test(a)
           ^
SyntaxError: invalid syntax
```

2. 异常

即便Python程序的语法是正确的，但是在运行程序的时候，也有可能发生错误。运行期检测到的错误被称为异常。大多数的异常都不会被程序处理，而是以错误信息的形式输出。下面的例子中的异常类型有ZeroDivisionError、NameError和TypeError。错误信息的前面部分显示了异常发生的上下文，并以调用栈的形式显示具体信息。

示例代码：

```
# 0 不能作为除数，触发 ZeroDivisionError 异常
a = 1 / 0
# 变量 b 未定义，触发 NameError 异常
a = 1 + b
# int 不能与 str 相加，触发 TypeError 异常
a = '1' + 2
```

3. 异常处理

在Python程序中可以对异常进行捕获，异常捕获的关键字为try-except-else-finally。如果在try代码块中没有发生异常则执行else部分的语句，else语句必须出现在except之后而不能直接在try后面。finally语句则无论是否捕获到异常都会被执行，finally必须出现在整个异常捕获的最后面，即finally可以直接出现在try后面，但如果有except或者else语句中的其中一个，则finally必须在其之后出现。

示例代码：

```
try:
```

```
    a = 1 / 0
except ZeroDivisionError as e:
    print("0 不能作为除数")
else:
    print("程序无异常")
finally:
    print("无论如何都会执行")
```

输出结果：

```
0 不能作为除数
无论如何都会执行
```

4. 抛出异常

Python允许用户使用raise语句自行抛出异常。

示例代码：

```
i = 1
if i > 0:
    raise Exception('如果 i 大于 0 则抛出异常')
```

输出结果：

```
Traceback (most recent call last):
  File "E:/PythonProjects/imageProcessing/main.py", line 3, in <module>
    raise Exception('如果 i 大于 0 则抛出异常')
Exception: 如果 i 大于 0 则抛出异常
```

1.2.7 模块

模块是Python中非常重要的功能。模块是一个包含所有定义的函数和变量的文件，其后缀名是.py。模块可以被别的程序引入，以使用该模块中的函数等功能。这也是使用Python依赖库的方法。导入模块需要使用import语句，import语句有几种使用方法，如下所示。

示例代码：

```
# 直接导入 import model_name
import math
# 导入一个指定的部分到当前命名空间中 from model_name import name1[, name2[, ...nameN]]
from math import sin, cos, tan
# 把一个模块的所有内容全都导入到当前的命名空间 from model_name import *
```

```
from math import *
# 导入库并为其起别名
import math as m
```

1.3 本书所用依赖库

Python依赖库由标准库和第三方库组成，标准库是在Python安装好后默认自带的库。第三方库，需要下载后安装到指定目录下，不同的第三方库安装及使用方法不同。一般情况下，都使用pip进行依赖库的安装。pip是Python包管理工具，该工具提供了对Python第三方库的查找、下载、安装、卸载的功能。本书需要用到多个第三方库，下面对主要的几个依赖库进行介绍。

1.3.1 依赖库介绍

1. NumPy

NumPy（Numerical Python）是著名的Python科学计算库，支持大量的维度数组（Array）与矩阵（Matrix）运算。NumPy的功能十分强大，主要特点如下。

- 强大的N维数组：计算速度快且功能多样，其向量化、索引化和广播概念，是当今数组计算的事实标准。
- 丰富的数值计算工具：提供全面的数学函数，如随机数生成器、线性代数方程、傅里叶变换等。
- 可互操作：支持广泛的硬件和计算平台，并且可以很好地与分布式、GPU和稀疏数组库配合使用。
- 高性能：NumPy的核心是经过良好优化的C语言代码。使用NumPy可以同时享受Python的灵活性和编译代码的速度。
- 简单易用：NumPy的高级语法使其对于任何背景或经验水平的程序员来说都可以轻松和高效地使用。

2. Matplotlib

Matplotlib是Python的绘图库，它能让使用者很轻松地将数据图形化，并且提供多样化的输出格式。Matplotlib可以用来绘制各种静态、动态、交互式的图表。Matplotlib可以绘制的图表包括线图、散点图、等高线图、条形图、柱状图、3D图形，甚至是图形动画等。

3. SciPy

SciPy是一个开源的Python算法库和数学工具包。SciPy是基于NumPy的科学计算库，用于数学、科学、工程学等领域，涉及高阶抽象和物理模型时需要使用SciPy。SciPy包含的模块有最优化、线性代数、积分、插值、特殊函数、快速傅里叶变换、信号处理和图像处理、常微分方程求解和其他科学与工程中常用的计算。

4. scikit-image

scikit-image是一个专门用于图像处理的Python库。scikit-image基于SciPy开发，其将图片作为NumPy数组进行处理，是非常强大的数字图像处理工具。它提供了非常丰富的图像处理方法和图像处理算法，包括图像几何变换、特征检测与提取、图像恢复、图像分割、图论运算等。

5. OpenCV-Python

OpenCV是一个著名的开源的计算机视觉库，拥有非常强大的计算机视觉处理能力，支持多种编程语言，例如，C++、Python、Java等，并且可在Windows、Linux、Android和iOS等不同平台上使用。OpenCV-Python是OpenCV的Python版本，结合了OpenCV C++ API和Python语言的最佳特性。

6. PyWavelets

PyWavelets是Python中用于小波变换的免费开源库，提供了丰富的小波变换功能，使开发者可以快速地实现小波变换而不需要额外的编码。

7. scikit-learn

scikit-learn是基于NumPy、SciPy和Matplotlib构建的免费开源机器学习库。它具有各种分类、回归和聚类算法，包括支持向量机、随机森林、梯度提升、K均值和DBSCAN等，其在机器学习项目中应用十分广泛。

8. TensorFlow

TensorFlow由Google人工智能团队Google Brain开发和维护的人工智能框架。Google为TensorFlow构建了一个全面而灵活的生态系统，官方除了开发各种工具和依赖库以供用户使用，还推动和构建了一个庞大而活跃的开源社区，提供了丰富的社区资源。TensorFlow不单单助力研究人员推动先进机器学习技术的发展，同时也使开发者能够轻松地构建和部署由机器学习提供支持的应用。Keras是以TensorFlow、Theano、CNTK作为后端框架，由纯Python编写并封装而成的高层神经网络API，用户无须额外学习后端框架，也能轻松地构建深度学习神经网络，大大简化了其三个后端框架的学习和使用。由于Keras被合并进TensorFlow2.x之后的版本，所以使得TensorFlow使用起来更加方便。

9. PaddlePaddle

PaddlePaddle（飞桨）由百度飞桨团队维护，是在TensorFlow和PyTorch之后发布的国产深度学习框架，同时也是源于产业实践的开源深度学习平台。PaddlePaddle源于百度多年的产业实践，以百度积累多年的深度学习技术研究和业务应用经验为基础，集深度学习核心训练和推理框架、基础模型库、端到端开发套件、工具组件和服务平台为一体，致力让深度学习技术的创新与应用更简单，是中国首个自主研发的产业级深度学习平台。PaddlePaddle拥有开发便捷的产业级深度学习框架和面向产业应用、开源开放覆盖多领域工业级模型库，支持超大规模深度学习模型的训练，其高性能推理引擎支持多端多平台部署。

1.3.2　依赖库安装

1. pip

在Python中很多时候我们都需要使用第三方的依赖库，这些依赖库都需要先进行安装才能使用。此处主要介绍使用pip来安装依赖库。依赖库的安装方式有很多种，可以先下载好依赖库安装文件再使用pip进行离线安装，直接使用pip进行在线安装，还可以直接安装某一个依赖库，也可以使用requirements.txt进行一系列包的安装。

pip的常用安装命令如下：

```
# 直接安装最新版本
pip install scikit-learn
# 安装指定版本
pip install scikit-learn==0.23.2
# 指定依赖库的源地址安装
pip install scikit-learn -i https://mirrors.aliyun.com/pypi/simple/
# 使用 requirements.txt 文件安装
pip install -r requirements.txt
```

2. 虚拟环境

什么是虚拟环境？安装Python时相当于安装了一个全局的环境，虚拟环境可以看作是原生Python的副本，是局部环境，只有标准库是一样的，其他的库可以在虚拟环境中另行安装。

为什么需要虚拟环境？因为不同项目所使用的依赖库和依赖库版本可能是不同的，假设所有的包都安装在全局环境中，如果想要使用某一个依赖库的不同版本那将会非常麻烦，并且所有依赖库都在一起，想要知道项目使用了哪些库也不好分辨。而虚拟环境是独立存在的，每个虚拟环境之间互不影响，这样就解决了上述问题。

Python的虚拟环境管理工具有很多，在前面我们使用PyCharm创建新项目，其实就会默认创建一个虚拟环境，所使用的工具是Virtualenv，所以可以直接在PyCharm中为新项目安装依赖库。

3. 安装依赖库

很多库都存在依赖关系，例如，scikit-learn依赖了NumPy、SciPy等库，所以在安装scikit-learn时，会同时安装NumPy等被依赖的库。所以在安装我们要用的库时并不用全部都列出来安装，只要列出必要的几个库，安装后其他库也就安装好了。

本书案件所需要安装的库如下：

```
scikit-image==0.17.2
opencv-python==4.4.0.44
scikit-learn==0.23.2
PyWavelets==1.1.1
tensorflow-cpu==2.3.1
paddlepaddle==2.2.2
paddlehub==2.3.0
```

将这些库写入requirements.txt即可快速进行安装。如果PyCharm在项目目录下检测到requirements.txt文件，则会自动检查哪些库没有安装，并进行提示，如图1.18所示。此时可以直接单击右上角的"Install requirements"进行安装。

图 1.18　PyCharm 提示

也可以打开界面最下方的"Terminal"，输入命令进行安装，如图1.19所示。

图 1.19 使用命令安装依赖库

当依赖库安装完成后，可以使用pip show命令查看某个库所依赖的库，如图1.20所示。

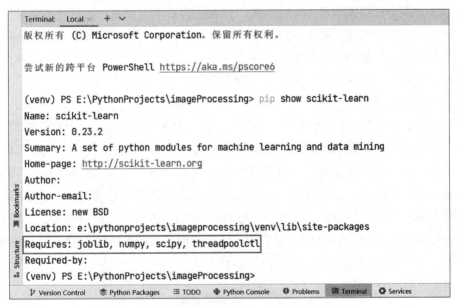

图 1.20 使用 pip show 命令查看某个库所依赖的库

2 图像处理与机器视觉

2.1 基本概念

机器视觉（Machine Vision）是用计算机对图像进行分析，以达到使机器获得人的视觉的目的。

图像处理技术与机器视觉技术密切相关。图像处理（Image Processing）是用计算机对图像进行分析，以达到所需结果的技术，又称影像处理。图像处理分为模拟图像处理和数字图像处理，一般指数字图像处理。

模拟图像又称连续图像，是指在二维坐标系中连续变化的图像，即图像的像点是无限稠密的，同时具有连续的灰度值。连续图像的典型代表是由光学透镜系统获取的图像，如胶片相机、有线电视模拟电视信号等。

数字图像是由模拟图像数字化得到的、以像素为基本元素的、可以用数字计算机或数字电路存储和处理的图像。把图像按行与列分割成 $m \times n$ 个网格，然后每个网格的图像表示为该网格的颜色平均值的一个像素，即可以用一个 $m \times n$ 的像素矩阵来表达一幅图像，m 与 n 称为图像的分辨率。显然分辨率越高，图像失真越小。

图像有位深度属性，代表色彩的深度，有8位、16位、24位、32位等。例如，8位深度的图像，用2的8次幂表示，它含有256种颜色（或256种灰度等级）。32位深度的颜色被称为真彩色，表示能够表达足够的颜色，像世界中真实的颜色一样让人们无法判断真假。

图像有单通道也有多通道，多通道如RGB、BGR、HSV、CMYK等。通道数和位深度也有关系。单通道图像，如灰度图的位深度为8，二值化图像的位深度为1。三通道图像，如RGB的位深度为24（每个通道各8位），RGB代表Red（红色）、Green（绿色）和Blue（蓝色）。四通道图像，如RGBA的位深度为32，比三通道多出的A为Alpha通道，表示透明度。PNG就是一种使用RGBA的图像格式。

2.2 应用场景

图像处理与机器视觉的应用场景有很多，下面介绍几种常用的。

1. 图像增强与复原

图像增强指的是改进图片的质量，例如增加对比度、去掉模糊和噪声、修正几何畸变等。图像复原是在假定已知模糊或噪声的模型时，试图估计原图像的一种技术，如图2.1所示。

（a）原图

（b）增强后图像

图 2.1　图像增强与复原

2．图像分割

图像分割指的是将图像划分为一些互不重叠的区域，每个区域是像素的一个连续集，可以用于医学分析、无人驾驶等领域。在无人驾驶中，运用图像分割技术将原图像分割为车辆、行人、建筑物、人行道、路面等一系列目标，如图2.2所示。在医学图像中使用分割技术，可以对血管进行分割，找出疾病的关键特征，如图2.3所示。

图 2.2　无人驾驶图像分割

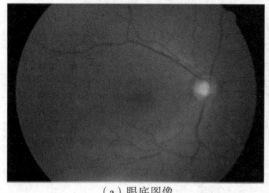

（a）眼底图像

（b）图像分割出的血管

图 2.3　医学图像分割

3. 图像压缩

图像压缩指的是运用图像处理技术实现缩减图像文件大小的目的，例如，将BMP格式转为JPG格式、将PSD格式转为JPG格式等，如图2.4所示。

（a）原图像

（b）压缩后的图像

图 2.4　图像压缩

4. 生物特征识别

生物特征识别（Biometrics）技术，是指通过计算机利用人体所固有的生理特征（如指纹、人脸、掌纹、虹膜、DNA等）或行为特征（步态、击键习惯等）来进行个人身份鉴定的技术，其中最常用的生物特征包括人脸与指纹。

3 图像的点运算

3.1 基本概念

图像的点运算指的是对一幅图像中的每个点进行相同的操作，主要包括线性变换和非线性变换。

3.2 线性变换

1. 数字图像基础

通过下面的例子，了解一下什么是数字图像：

（1）打开Windows画图工具，进行画图（画板20像素×20像素），如图3.1（a）所示。

（2）编程，将图像转化为数字，每个数字对应图像中的一个像素，如图3.1（b）所示。

（3）观察每个点，可以看到，黑色部分对应的数值很小，白色部分对应的数值很大。

```
252 255 255 253 255 255 255 254 255 255 253 255 254 255 253 255 255 255 253 254
255 252 253 255 255 252 254 255 254 255 255 255 254 255 255 255 253 255 255 255
255 255 255 255 251 255 253 252 253 255 252 255 255 252 253 255 255 254 253 255
255 252 255 255 254 254 255 255 255 254 254 255 254 255 255 249 255 255 255 248
253 255 252 253 255 252 255  0  0  0  0  0  0 254 255 255 255 253 253 255
253 255 255 253 254  3  0  6  2  3  3  0  2  4  0 255 252 255 255 255
255 252 255 255  0  2  0  0  0  0  0  0  0  1  0 255 255 255 255 255
254 255 255  2  2  0  3 255 255 254 253  0  2  0  1  1 255 255 255
253 251  4  2  0  0 255 254 255 252 255 255 255 253  3  0  0  3 254 255
255 255  0  0  2 251 254 255 255 255 254 255 254 253 255 252  3  1  0 255 253
252 255  0  5  3 255 254 255 254 255 254 253 251 255 249 255  0  0 252 254
253 255  3  0  0 251 253 255 255 255 255 255 254 255  0  0  0 255 255
255 250  1  0  1  4 253 255 254 255 253 252 255 252  0  3  1  4 251 255
252 255 255  0  0  2  0 255 253 253 255  0  0  1  0  1 254 249 255
255 253 255 251  4  0  0  2  0  2  0  1  1  0  0  0 254 254 255 253
255 254 255 253  0  0  0  0  0  0  2  0  1  0 255 251 255 251 254
255 252 255 255 254 255 255  0  0  1  0  2  1 253 255 254 255 255 255 255
253 255 255 250 255 255 255 255 254 255 255 253 255 255 255 250 255 255 255 255
253 254 254 255 255 255 255 252 255 255 255 250 255 252 254 255 255 255 255 255
255 255 255 254 255 255 255 253 255 255 255 253 254 255 255 255 254 255 255 255
```

（a）原图　　　　　　　　　　　　　　　　（b）数字图像

图3.1　将图像转化为数字

示例代码：

```python
# 从 scikit-image 库导入 io 包
from skimage import io


# 打开图片
img = io.imread('img.jpg')
```

```
# 宽
height = img.shape[0]
# 高
width = img.shape[1]
# 数字图像
txt = ""
for i in range(width):
    for j in range(height):
        # 获得对应的像素(0 为只取其中一个通道)
        # rjust 为向右对齐，在左边补空格
        txt += str(img[i][j][0]).rjust(4)
    txt += '\n'
# 打印
print(txt)
```

一幅BMP图像文件的大小可由以下公式计算：

文件大小=分辨率×位深度/8/1024（单位：KB）

（1）分辨率（Resolution），单位为一幅图像像素总数，如1024像素×768像素、1280像素×720像素。

（2）清晰度（Definition），单位为单位长度上的像素个数，如500DPI、800DPI。

（3）位深度用于控制图像颜色数量。

24位真彩色：一个颜色可以拆分成红绿蓝三通道，24真彩色就是每通道分配8位，计算机使用二进制存储文件，则色彩数量为2^{24}=16777216。

（4）计算机存储单位换算：

8bits = 1Byte

1024 Byte =1KB

1024 KB = 1MB

1024MB = 1GB

2. 线性变换

以灰度图像为例，假设原图像像素的灰度值为DA=$f(x, y)$，其中(x, y)为图像坐标，处理后图像像素的灰度值为DB = g(DA) = $a \times$ DA $+ b$。要求DA和DB都在图像的灰度范围之内，a为斜率，b为截距。灰度变换函数描述了输入灰度值和输出灰度值之间的转换关系。一旦灰度转换关系确定，则图像中每一点的运算关系就被完全确定下来了。由线性变换的公式可知，a调整的是图像的对比度，b调整的是图像的亮度。若a=1，b=0，则图像像素不发生变化；若a=1，b!=0，则图像全部灰度值上移或下移；若a>1，则图像对比度增强；若0<a<1，则图像对比度减小；若a<0，则暗区域变亮，亮区域变暗。

进行线性变换，我们需要了解一点矩阵计算的知识。图3.2表示了三个不同尺寸的矩阵。

10	20

10
20

10	20
10	20

图 3.2　矩阵

这三个矩阵可分别用数字表示为：

- 1×2矩阵　**DA** = [10, 20]。
- 2×1矩阵　**DA** = [10; 20]，分号代表换行。
- 2×2矩阵　**DA** = [10, 20; 10, 20]。

常数与矩阵的乘法可表示为：

DA = [10, 20];

a ×**DA** = [a ×10, a ×20]，　a为常数。

常数与矩阵的加法可表示为：

DA = [10, 20];

DA+ b = [10+ b, 20+ b]，b为常数。

从而可以推导出线性变换的计算为：

1×2矩阵　**DB** = [a ×10+ b, a ×20+ b]

2×1矩阵　**DA** = [a ×10+ b; a ×20+ b]

2×2矩阵　**DA** = [a ×10+ b, a ×20+ b;

a ×10+ b, a ×20+ b]

下面通过一个例子来看一下线性变换的具体过程。

例 3.1　DA 是一幅分辨率为 1 像素×10 像素的单通道图片，已知 **DA**、a、b，求 **DB**。

DA = 10, 10, 10, 20, 20, 20, 20, 10, 10, 10

a =1，b =0　　　**DB** = 1×**DA**+0

DB = 10, 10, 10, 20, 20, 20, 20, 10, 10, 10

a =1，b =20　　　**DB** = 1×**DA**+20

DB = 30, 30, 30, 40, 40, 40, 40, 30, 30, 30

a =2，b =0　　　**DB** = 2×**DA**+0

DB = 20, 20, 20, 40, 40, 40, 40, 20, 20, 20

我们也可以编写代码来进行线性变换的运算。

示例代码：

```
# 导入 NumPy 包并命名为 np
import numpy as np

# 声明一个 NumPy 数组并赋值
DA = np.asarray([50, 60, 50, 50, 70, 100, 80, 100, 90, 100])
a = 2
b = 50
# 线性变换
```

```
DB = a * DA + b
print('线性变换：', DB)
```

下面编写代码，实现以下线性变换，要求**DA**、**DB**的中值都在0~255之间。

- 增加对比度，如图3.3（b）所示。
- 减小对比度，如图3.3（c）所示。
- 增加亮度，如图3.3（d）所示。
- 反相，如图3.3（e）所示。

（a）original

（b）$a=2, b=-55$　　　　　　（c）$a=0.5, b=-55$

（d）$a=1, b=55$　　　　　　（e）$a=-1, b=255$

图3.3　线性变换

实现代码如下：

```
from skimage import io
import matplotlib.pyplot as plt
import numpy as np
def transform(a, b):
    # 线性变换
    DB = a * DA + b
```

```
    # 返回结果
    return DB.astype(np.uint8)
if __name__ == '__main__':
    # 读取图像
    DA = io.imread('img1.jpg')
    # a=2,b=-55 增加对比度
    transform1 = transform(2，-55)
    # a=0.5,b=-55 减少对比度
    transform2 = transform(0.5，-55)
    # a=1,b=55 线性平移增加亮度
    transform3 = transform(1，55)
    # a=-1,b=255 反相
    transform4 = transform(-1，255)
# 显示图像
    plt.subplot(231)
    plt.title('original')
    plt.imshow(DA)
    plt.subplot(232)
    plt.title('a=2,b=-55')
    plt.imshow(transform1)
    plt.subplot(233)
    plt.title('a=0.5,b=-55')
    plt.imshow(transform2)
    plt.subplot(234)
    plt.title('a=1,b=55')
    plt.imshow(transform3)
    plt.subplot(235)
    plt.title('a=-1,b=255')
    plt.imshow(transform4)
    plt.show()
```

3.3　伽马变换

伽马变换是一种非线性变换，该变换由幂函数描述：

$$y = x^\gamma \ (0 \leqslant x \leqslant 1, 0 \leqslant y \leqslant 1)$$

上一节我们知道一切符合 $y = ax + b$ 形式的变换都称为线性变换，线性变换的变换关系是由一组斜率和截距不同的直线描述的。而 $y = x^\gamma$ 描述了一组由不同 γ 组成的幂函数曲线。由此可知，若 $\gamma=1$，则伽马变换是线性的；若 $\gamma>1$，则较亮的区域灰度被拉伸，较暗的区域灰度被压缩得更暗，图像整体变暗；若 $\gamma<1$，则较亮的区域灰度被压缩，较暗的区域灰度被拉伸得较亮，图像整体变亮。如图3.4所示，当 $\gamma=0.4$，时图像整体变亮；当 $\gamma=2$时，图像整体变暗。

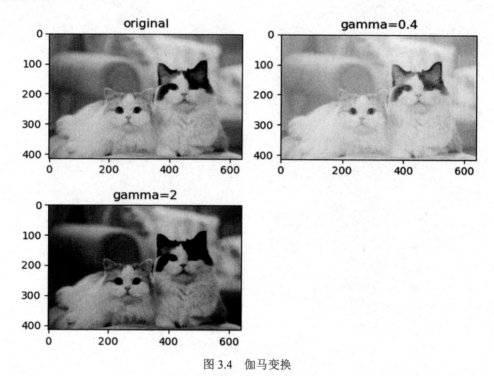

图 3.4　伽马变换

实现代码如下：

```
import numpy as np
from skimage import io
import matplotlib.pyplot as plt

# 读取图像
img = io.imread('cat.jpg')
# 归一化
normalized_data = img / 255.0
# 伽马变换
gamma_transform1 = np.power(normalized_data, 0.4)
gamma_transform2 = np.power(normalized_data, 2)
# 显示图像
plt.figure(figsize=(15, 10))
```

```
plt.subplot(221), plt.title('original'), plt.axis('off'), plt.imshow(img)
plt.subplot(222) , plt.title('gamma=0.4') , plt.axis('off') ,
plt.imshow(gamma_transform1)
plt.subplot(223) , plt.title('gamma=2') , plt.axis('off') ,
plt.imshow(gamma_transform2)
plt.show()
```

实际上，想要实现伽马变换，要先对原图进行线性归一化，使得变换公式中x的值在0到1之间，如图3.5所示。

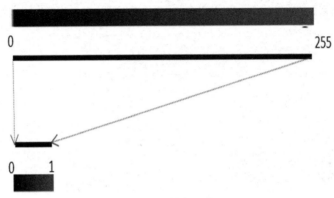

图 3.5 线性归一化

也就是说，我们要把原图**DA**（值域为[0, 255]）归一化到**DB**（值域为[0, 1]），该归一化由下面的公式描述：

$$DB_{xy} = \frac{DA_{xy} - \min(DA)}{\max(DA) - \min(DA)}$$

一般情况下，$\max(DA)=255$，$\min(DA)=0$，在线性归一化公式$DB = a \times DA + b$中有

$$a = \frac{1}{\max(DA) - \min(DA)} = \frac{1}{(255 - 0)} = \frac{1}{255}$$
$$b = \frac{-\min(DA)}{\max(DA) - \min(DA)} = \frac{-0}{(255 - 0)} = 0$$

面通过一个例子具体说明伽马变换的过程。

例 3.2 伽马变换实例。

x是一幅10个像素的单通道图像。

x = [10   10   10   20   20   20   20   10   10   10]

归一化：$x' = (1/255) \times x + 0$

x' = [0.0392   0.0392   0.0392   0.0784   0.0784   0.0784   0.0784
0.0392   0.0392   0.0392]

$\gamma = 2$ $\quad y = x'^{2}$

y = [0.0015 0.0015 0.0015 0.0062 0.0062 0.0062 0.0062
0.0015 0.0015 0.0015]

$\gamma = 0.5$ $\quad y = x'^{0.5}$

y = [0.1980 0.1980 0.1980 0.2801 0.2801 0.2801 0.2801
0.1980 0.1980 0.1980]

伽马变换的计算可通过以下代码实现：

```python
import numpy as np
# 声明一个 NumPy 数组并赋值
data = np.asarray([10, 10, 10, 20, 20, 20, 20, 10, 10, 10])
# 归一化
normalized_data = data / 255.0
# 伽马值
gamma = 2
# 输出结果
print('归一化:', normalized_data)
print('伽马变换:', np.power(normalized_data, gamma))
```

3.4 直方图均衡化

图像的直方图用来表征该图像像素值的分布情况，用一定数目的小区间来指定表征像素值的范围，每个小区间会得到落入该小区间表示范围的像素数目。图像直方图图形化显示不同的像素值在不同的强度值上的出现频率：对于灰度图像来说，强度范围为0～255；对于RGB的彩色图像，可以独立显示三种颜色的图像直方图。为简化问题，下面仅讨论灰度图像。灰度数字图像是单通道图像，显示为从最暗的黑色到最亮的白色的灰度，每个像素值的取值范围为0～255。直方图均衡化是指将一幅图像的灰度直方图变"平"，使变换后的图像中每个灰度值的分布概率都相同。在对图像做进一步处理之前，直方图均衡化通常是对图像灰度值进行归一化的一个方法，并且可以增强图像的对比度。

彩色图片可以根据以下公式转换成灰度图片。

（1）浮点算法：Gray=$R \times 0.3 + G \times 0.59 + B \times 0.11$。

（2）整数方法：Gray=$(R \times 30 + G \times 59 + B \times 11)/100$。

（3）移位方法：Gray =$(R \times 76 + G \times 151 + B \times 28) \gg 8$。

（4）平均值法：Gray= $(R + G + B)/3$。

（5）仅取绿色：Gray=G。

灰度图像直方图指的是某个像素值在一幅图像中出现的次数统计，如图3.6所示。

（a）灰度图 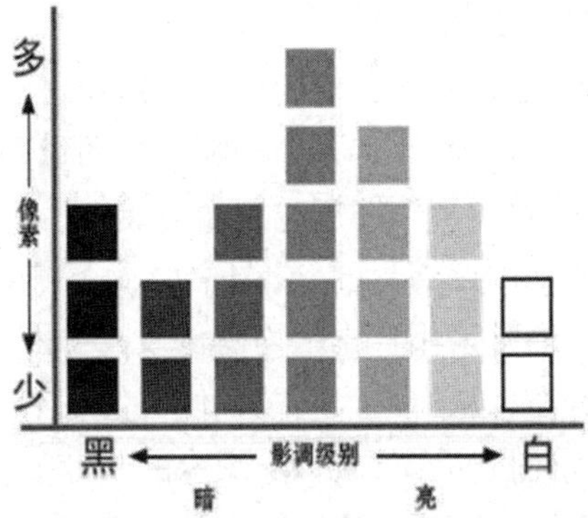　　　　　　　　　　　　　　（b）直方图

图 3.6　灰度图像直方图

下面通过两个例子来解释直方图的计算过程。

例 3.3　灰度图像直方图计算。

图 3.7 所示是一个单通道图像矩阵，该矩阵中，0 出现的次数为 5；1 出现的次数为 0，2 出现的次数为 0，……，50 出现的次数为 1，……，255 出现的次数为 3，则该图像的直方图如图 3.8 所示。

0	255	50
255	0	255
0	0	0

图 3.7　单通道矩阵

图 3.8　直方图

例 3.4　x 是一幅单通道 10 个像素的图像，Hist(x) 是该图像的直方图。

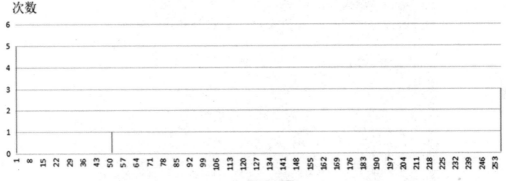

x = [10　　10　　10　　20　　20　　20　　20　　10　　10　　10]

Hist(x) = [0 0 0 ⋯ 6 0 0 0 ⋯ 4 0 0 0 ⋯ 0 0 0]

第 10 个灰度级出现的次数为 6，第 20 个灰度级出现的次数为 4，其他灰度级出现的次数为 0。

直方图有以下用途：

● 通过直方图均衡化或规定化进行图像增强。

● 直接对比直方图判断两幅图像是否相似。

● 对比直方图进行图像搜索。

假如图像的灰度分布不均匀，集中在较窄的范围内，使图像的细节不够清晰，对比度较低。通常采用直方图均衡化及直方图规定化两种变换，使图像的灰度范围拉开或使灰度均匀分布，从而增大反差，使图像细节清晰，以达到增强的目的。直方图均衡化对图像进行非线性拉伸，重新分配图像的灰度值，使一定范围内图像的灰度值大致相等。这样，原来直方图中间的峰值部分对比度得到增强，而两侧的谷底部分对比度降低，输出图像的直方图是一个较为平坦的直方图，如图3.9所示。

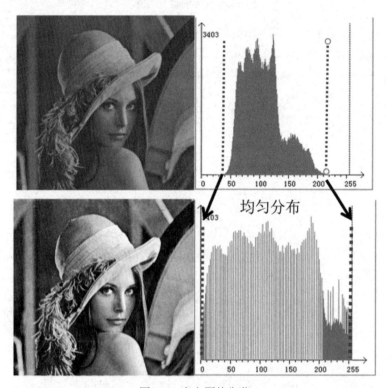

图 3.9　直方图均衡化

对于离散灰度级，直方图均衡化由以下公式描述

$$DB = f(DA) = \frac{D_{max}}{A} \sum_{i=0}^{DA} H_i$$

其中，A表示为图像的面积，即像素总数；H_i为灰度级i出现的次数，即第i个灰度级的像素个数；D_{max}为输入图像经过直方图统计后得到的最大的灰度值。

下面通过一个例子说明直方图均衡化的计算。

例3.5 直方图均衡化，使得直方图均匀分布，其中，**DA**表示单通道10个像素的原图，**DB** = f(**DA**) 表示均衡化后的图像，DB-HIST表示均衡化后的直方图。

DA = [0   10   10   20   255   20   20   10   10   10]

第一步，计算直方图。

HIST = [1 0 0 ⋯ 5 0 0 0 ⋯ 3 0 0 0 ⋯0 0 1]

第0个灰度级出现的次数为1，第10个灰度级出现的次数为5，第20个灰度级出现的次数为3，第255个灰度级出现的次数为1，其他灰度级出现的次数为0。

第二步，计算直方图的面积。

直方图HIST的面积
=所有个数之和
= 1+0+⋯+5+⋯0+⋯+3+0+⋯+1
= 10

第三步，计算均衡化后的图像。

DB0=(第0个灰度级的像素个数)×255/面积=1×255/10=25

DB1=(第0个灰度级的像素个数+第1个灰度级的像素个数)×255/面积=（1+0）×255/10=25

DB2=(第0个灰度级的像素个数+第1个灰度级的像素个数+第2个灰度级的像素个数)×255/面积=（1+0+0）×255/10=25

DB3=25

……

DB10=(第0个灰度级的像素个数+⋯+第10个灰度级的像素个数)×255/面积=（1+0+0+⋯+5）×255/10=153

DB11=153

……

DB20=(1+0+0+⋯+5+0+⋯+3)×255/10=229

DB21= 229

……

DB255 =(1+0+0+⋯+5+0+⋯+3+0+⋯+1)×255/10=255

用新的灰度值替换旧的灰度值，得到均衡化后的图像DB。

DA = [0   10   10   20   255   20   20   10   10   10]

DB = [25   153   153   229   255   229   229   153   153   153]

第四步，计算均衡化后的直方图。

$$DB\text{-}HIST = [0 \; \cdots \; 0\,0\,1\,0\,0 \; \cdots \; 0\,0\,5\,0\,0 \; \cdots \; 3\,0\,0\,0 \; \cdots 0\,0\,1]$$

第25个灰度级出现的次数为1，第153个灰度级出现的次数为5，第229个灰度级出现的次数为3，第255个灰度级出现的次数为1，其他灰度级出现的次数为0。

如图3.10所示，均衡化后的直方图在整个灰度空间有着较为均匀的分布。

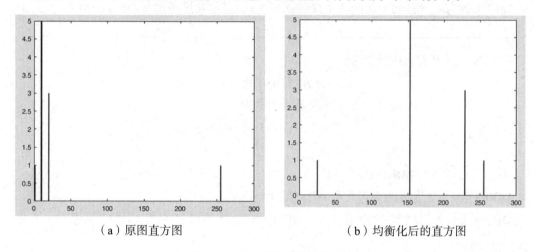

（a）原图直方图　　　　　　　　　　　　（b）均衡化后的直方图

图 3.10　直方图均衡化前后对比

直方图均衡化实现了图像灰度的均衡分布，对提高图像对比度、提升图像亮度具有明显的作用。在实际应用中，有时并不需要图像的直方图具有整体的均匀分布，而希望直方图与规定要求的直方图一致，这就是直方图规定化，如图3.11所示。

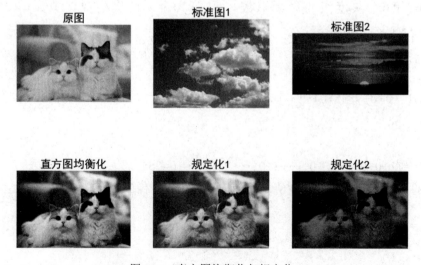

图 3.11　直方图均衡化与规定化

图3.11所示效果的实现代码如下：

```
from skimage import io, exposure
import matplotlib.pyplot as plt
# 读取图像
img = io.imread('cat.jpg')
# 直方图均衡化
img_eq = exposure.equalize_hist(img)
# 标准图 1
standard1 = io.imread('style1.jpg')
# 标准图 2
standard2 = io.imread('style2.jpg')
# 直方图规范化(匹配)到标准图 1,multichannel 表示以多通道形式
match1 = exposure.match_histograms(img, standard1, multichannel=True)
# 直方图规范化(匹配)到标准图 2,multichannel 表示以多通道形式
match2 = exposure.match_histograms(img, standard2, multichannel=True)
# 显示图像
plt.rcParams['font.sans-serif'] = ['SimHei']
plt.rcParams.update({"font.size":20})
plt.figure(figsize=(15, 10))
plt.subplot(231), plt.axis('off'), plt.title('原图'), plt.imshow(img)
plt.subplot(232) , plt.axis('off') , plt.title(' 标 准 图 1') ,
plt.imshow(standard1)
plt.subplot(233) , plt.axis('off') , plt.title(' 标 准 图 2') ,
plt.imshow(standard2)
plt.subplot(234) , plt.axis('off') , plt.title(' 直 方 图 均 衡 化 ') ,
plt.imshow(img_eq)
plt.subplot(235), plt.axis('off'), plt.title('规定化 1'), plt.imshow(match1)
plt.subplot(236), plt.axis('off'), plt.title('规定化 2'), plt.imshow(match2)
plt.show()
```

3.5　章节练习

1．从网上下载一幅图片，另存为BMP格式。计算该图片的大小，与图片实际大小进行比较。

2．**DA**=[50 60 50 50 70 100 80 100 90 100]，分别计算$a = 1$、$b = 0$，$a = 1$、$b = 20$，$a = 2$、$b = 50$情况下的线性变换。

3. 编写代码，完成练习2。

4. 从网上下载一幅图片，编程完成增加对比度、减小对比度、增加亮度、反向。

5. x = [15 15 15 25 25 25 25 15 15 15]，分别计算gamma=3、gamma=0.2、gamma=0.1，b =50情况下的伽马变换。

6. 编写代码，完成练习5。

7. 从网上下载一幅图片，编程完成gamma=3、gamma=0.2的伽马变换。

8. 一幅图片有9个像素

[255 251 255

251 175 127

255 130 6]

计算直方图、均衡化后的图像、均衡化后的直方图。

9. 从网上下载一幅图片，编程实现直方图均衡化和规定化。

4 图像的几何变换

4.1 基本概念

图像的几何变换是指改变图像的几何位置、几何形状、几何尺寸等几何特征。基本的图像几何变换包括平移、缩放、旋转。以2像素×2像素的图像为例，每个像素都有坐标(X,Y)以及像素值DA_{XY}，如图4.1所示。点运算是对DA_{XY}进行操作，从而改变图像的灰度特征；几何变换是对X、Y进行操作，从而改变图像的几何特征。

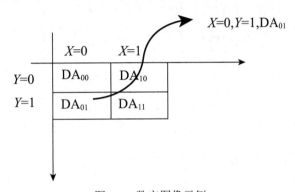

图 4.1　数字图像示例

图像的几何变换需要用到矩阵的乘法，下面对矩阵乘法做一个简单的介绍。

（1）在矩阵乘法中，第一个矩阵的列数必须和第二个矩阵的行数相同。例如，有如下3个矩阵A、B、C，其中，A可以乘以B，B可以乘以A，A不可以乘以C。

$A = \begin{bmatrix} 4 & 5 \end{bmatrix}$　　　1（行）×2（列）矩阵

$B = \begin{bmatrix} 2 \\ 3 \end{bmatrix}$　　　2×1矩阵

$C = \begin{bmatrix} 2 & 3 & 6 \end{bmatrix}$　　　1×3矩阵

（2）矩阵乘法中，第m行第n列的元素等于矩阵A的第m行的元素与矩阵B的第n列对应元素乘积之和。两个矩阵的乘积仍然是一个矩阵，该矩阵的行数等于乘式左侧的行数，该矩阵的列数等于乘式右侧的列数。例如，有如下两个矩阵A、B：

$A = \begin{bmatrix} 4 & 5 \end{bmatrix}$　　　1（行）×2（列）矩阵

$B = \begin{bmatrix} 2 \\ 3 \end{bmatrix}$　　　2×1矩阵

则$A×B = \begin{bmatrix} 4×2+ 5×3 \end{bmatrix} = \begin{bmatrix} 23 \end{bmatrix}$　　　1 × 1矩阵。

有如下两个矩阵A、B，

$A = [\ 4\quad 5\ ]$ 1（行）×2（列）矩阵

$B = [\ 2\quad 1$ 2×2矩阵

$\quad\quad 3\quad 1]$

则$C = A \times B = [C_{00}=4×2+ 5×3, C_{01} = 4×1+5×1]$

$\quad\quad\quad = [\ 23\quad 9\ ]$ 2×1矩阵。

4.2 平移变换

图像平移变换就是将图像中所有的点按照指定的平移量进行水平或者垂直移动。平移变换由以下公式描述，其中x、y为原始坐标，u、v为变换后的坐标，T_x为水平平移量，T_y为垂直平移量。

$$\begin{bmatrix}u\\v\\1\end{bmatrix} = \begin{bmatrix}1 & 0 & T_x\\0 & 1 & T_y\\0 & 0 & 1\end{bmatrix}\begin{bmatrix}x\\y\\1\end{bmatrix} = \begin{bmatrix}1 \times x + 0 \times y + T_x \times 1\\0 \times x + 1 \times y + T_y \times 1\\0 \times x + 0 \times y + 1 \times 1\end{bmatrix} = \begin{bmatrix}x + T_x\\y + T_y\\1\end{bmatrix}$$

上述公式可以改写为

$$u = x + T_x, v = y + T_y$$

下面通过一个例子说明平移变换的过程。

例 4.1 为下面的图像进行平移变换，其中$T_x = 1, T_y = 2$。

原图像如图4.2所示。

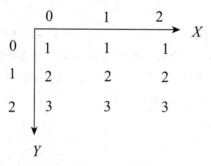

图 4.2 例 4.1 原图像

第一步，得到原始坐标，每个方括号中，左边为x，右边为y。

[0 0] [1 0] [2 0]

[0 1] [1 1] [2 1]

[0 2] [1 2] [2 2]

第二步，代入平移变换公式，$T_x = 1, T_y = 2$，求新坐标，每个方括号中，左边为u，右边为v。

[0+1 0+2] [1+1 0+2] [2+1 0+2]

[0+1 1+2]　[1+1 1+2]　[2+1 1+2]=

[0+1 2+2]　[1+1 2+2]　[2+1 2+2]

[1 2]　[2 2]　[3 2]

[1 3]　[2 3]　[3 3]

[1 4]　[2 4]　[3 4]

第三步，根据新坐标求变换后的图像。

位于原图像[0 0]处的像素平移到了[1 2]，位于原图像[1 0]处的像素平移到了[2 2]，以此类推，可以得到所有像素的新坐标。由新坐标可知，平移变换改变了图像的大小。可以通过扩充图像的显示区域来显示完整的图像，也可以把平移出显示区域的图像部分截去。在这个例子中，我们选择把平移出显示区域的图像部分截去，使得新坐标系跟原始坐标系保持统一尺寸，仅保留$0 \leqslant u, v \leqslant 2$之间的像素。将所有像素的新坐标填入新坐标系，并把新坐标系中的空余位置补上0，则可以得到变换后的图像，如图4.3所示。

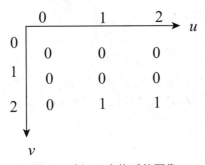

图4.3　例4.1 变换后的图像

一幅图像的平移变换如图4.4所示。

（a）原图

（b）平移

图4.4　平移变换

图4.4所示效果的实现代码如下：

```
from PIL import Image, ImageChops
import matplotlib.pyplot as plt
# 读取图像
```

```
img = Image.open('cat.jpg')
# 水平方向平移量
x_offset = 100
# 竖直方向平移量
y_offset = 100
# 图像宽高
width, height = img.size
# 进行平移
new_img = ImageChops.offset(img, x_offset, y_offset)
# 用黑色像素填充背景
new_img.paste((0, 0, 0), (0, 0, x_offset, height))
new_img.paste((0, 0, 0), (0, 0, width, y_offset))
# 显示图像
plt.rcParams['font.sans-serif'] = ['SimHei']
plt.rcParams.update({"font.size":18})
plt.figure(figsize=(6, 8))
plt.subplot(211), plt.axis('off'), plt.title('(a)原图'), plt.imshow(img)
plt.subplot(212),plt.axis('off'),plt.title('(b)平移'),plt.imshow(new_img)
plt.show()
```

4.3 缩放变换

图像缩放变换是指图像按照指定的比率放大或缩小。缩放变换由以下公式描述，其中 x、y 为原始坐标，u、v 为变换后的坐标，S_x 为水平缩放量，S_y 为垂直缩放量。

$$\begin{bmatrix} u \\ v \\ 1 \end{bmatrix} = \begin{bmatrix} S_x & 0 & 0 \\ 0 & S_y & 0 \\ 0 & 0 & 1 \end{bmatrix}\begin{bmatrix} x \\ y \\ 1 \end{bmatrix} = \begin{bmatrix} S_x \times x + 0 \times y + 0 \times 1 \\ 0 \times x + S_y \times y + 0 \times 1 \\ 0 \times x + 0 \times y + 1 \times 1 \end{bmatrix} = \begin{bmatrix} S_x \times x \\ S_y \times y \\ 1 \end{bmatrix}$$

上述公式可以改写为

$$u = S_x \times x, v = S_y \times y$$

下面通过一个例子说明缩放变换的过程。

例4.2 对下面的图像进行缩放变换，其中 $S_x = 1$、$S_y = 2$。

原图像如图4.5所示。

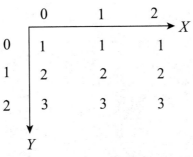

图 4.5 例 4.5 原图像

第一步，得到原始坐标，每个方括号中，左边为x，右边为y。

[0 0]　[1 0]　[2 0]

[0 1]　[1 1]　[2 1]

[0 2]　[1 2]　[2 2]

第二步，代入缩放变换公式，$S_x = 1$、$S_y = 2$，求新坐标，每个方括号中，左边为u，右边为v。

[1×0 2×0]　[1×1 2×0]　[1×2 2×0]

[1×0 2×1]　[1×1 2×1]　[1×2 2×1]=

[1×0 2×2]　[1×1 2×2]　[1×2 2×2]

[0 0]　[1 0]　[2 0]

[0 2]　[1 2]　[2 2]

[0 4]　[1 4]　[2 4]

第三步，根据新坐标求变换后的图像。

位于原图像[0 0]、[1 0]、[2 0]处的像素保持不变，位于原图像[0 1]处的像素移动到了[0 2]，位于原图像[1 1]处的像素移动到了[1 2]，以此类推，可以得到所有像素的新坐标。与平移变换一样，缩放变换也改变了图像的大小。为了完整展示图像缩放的效果，我们根据变换后的坐标放大坐标系。将所有像素的新坐标填入新坐标系，并把新坐标系中的空余位置补上0，则可以得到变换后的图像，如图4.6所示。

	0	1	2	u
0	1	1	1	
1	0	0	0	
2	2	2	2	
3	0	0	0	
4	3	3	3	

v

图 4.6 例 4.2 变换后的图像

一幅图像的缩放变换如图4.7所示。

（a）原图　　　　　　　　　　　　　　　（b）缩放

图 4.7　缩放变换

图4.7所示效果的实现代码如下：

```python
from PIL import Image
import matplotlib.pyplot as plt
# 读取图像
img = Image.open('cat.jpg')
# 宽度缩放倍数
x_scale_factor = 2
# 高度缩放倍数
y_scale_factor = 3
# 图像宽高
width, height = img.size
# 获得图像新尺寸
new_size = [int(width * x_scale_factor), int(height * y_scale_factor)]
# 以新尺寸调整图像大小
new_img = img.resize(new_size)
# 显示图像
plt.rcParams['font.sans-serif'] = ['SimHei']
plt.rcParams.update({"font.size":16})
plt.figure(figsize=(6, 8))
plt.subplot(211), plt.axis('off'), plt.title('(a)原图'), plt.imshow(img)
plt.subplot(212),plt.axis('off'),plt.title('(b)缩放'),plt.imshow(new_img)
plt.show()
```

4.4 旋转变换

图像旋转变换是指图像按照某个指定点旋转一定的角度。本节中，我们仅讨论图像围绕图像中心点进行旋转的情况。图像围绕中心点逆时针旋转角度θ由以下公式描述，其中x、y为原始坐标，u、v为变换后的坐标。

$$\begin{bmatrix} u \\ v \\ 1 \end{bmatrix} = \begin{bmatrix} \cos\theta & -\sin\theta & 0 \\ \sin\theta & \cos\theta & 0 \\ 0 & 0 & 1 \end{bmatrix} \begin{bmatrix} x \\ y \\ 1 \end{bmatrix} = \begin{bmatrix} \cos\theta \times x + (-\sin\theta) \times y + 0 \times 1 \\ \sin\theta \times x + \cos\theta \times y + 0 \times 1 \\ 0 \times x + 0 \times y + 1 \times 1 \end{bmatrix}$$
$$= \begin{bmatrix} \cos\theta \times x - \sin\theta \times y \\ \sin\theta \times x + \cos\theta \times y \\ 1 \end{bmatrix}$$

上述公式可以改写为

$$u = \cos\theta \times x - \sin\theta \times y, \quad v = \sin\theta \times x + \cos\theta \times y$$

下面通过一个例子说明旋转变换的过程。

例4.3 将下面的图像围绕中心点逆时针旋转90°。

原图像如图4.8所示。

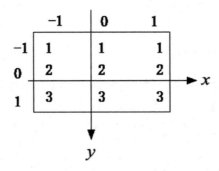

图4.8 例4.3原图像

第一步，得到原始坐标，每个方括号中，左边为x，右边为y。

[–1 –1]　　[0 –1]　　[1 –1]

[–1 0]　　　[0 0]　　　[1 0]

[–1 1]　　　[0 1]　　　[1 1]

第二步，代入旋转变换公式，$\theta = 90°$，求新坐标。

由于

$$u = \cos 90° \times x - \sin 90° \times y = -y$$
$$v = \sin 90° \times x + \cos 90° \times y = x$$

则新坐标如下（每个方括号中，左边为u，右边为v）。

[1 –1]　　[1 0][1 1]

[0 –1]　　[0 0]　　　[0 1]

[–1 –1]　　[–1 0]　　　[–1 1]

第三步，根据新坐标求变换后的图像。

位于原图像[0 0]处的像素保持不变，位于原图像[–1 –1]处的像素移动到了[1 –1]，位于原图像[0 –1]处的像素移动到了[1 0]，以此类推，可以得到所有像素的新坐标。旋转变换也会改变图像的大小。但旋转90°是一个特例，图像旋转90°不会改变图像的大小，也不会产生空点。将所有像素的新坐标填入新坐标系，则可以得到变换后的图像，如图4.9所示。

下面我们再看一个旋转45°的例子。

例 4.4　将下面的图像围绕中心点逆时针旋转 45°。

原图像如图4.10所示。

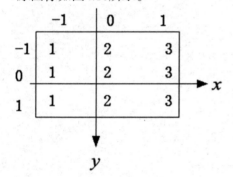

图 4.9　例 4.3 变换后的图像　　　　　图 4.10　例 4.4 原图

第一步，得到原始坐标，每个方括号中，左边为 x，右边为 y。

[–1 –1]　　[0 –1]　　　[1 –1]

[–1 0]　　　[0 0]　　　[1 0]

[–1 1]　　　[0 1]　　　[1 1]

第二步，代入旋转变换公式，$\theta = 45°$，求新坐标。

由于

$$u = \cos 45° \times x - \sin 45° \times y \approx 0.7 \times x - 0.7 \times y$$
$$v = \sin 45° \times x + \cos 45° \times y \approx 0.7 \times x + 0.7 \times y$$

则新坐标如下（每个方括号中，左边为 u，右边为 v）。

[0 –1.4]　　　[0.7 –0.7]　　　[1.4 0]

[–0.7 –0.7]　　[0 0]　　　　　[0.7 0.7]

[–1.4 0]　　　[–0.7 0.7]　　　[0 1.4]

第三步，根据新坐标求变换后的图像。

位于原图像[0 0]处的像素保持不变，位于原图像[–1 –1]处的像素移动到了[0 –1.4]处，位于原图像[0 –1]处的像素移动到了[0.7 –0.7]处，以此类推，可以得到所有像素的新坐标。

旋转前后的坐标如图4.11所示。从图4.11中，我们发现三个问题：①旋转产生了很多空的点；②新坐标出现了小数，但是数字图像坐标系仅支持整数；③原始坐标系中的直线在新坐标系中不再是直线，这会使旋转后的图像出现锯齿。这些问题需要通过插值运算来解决，下一节我们会介绍插值运算。

	0, 1.4					
−1,　1			0,1		1,1	
		−0.7, 0.7		0.7, 0.7		
	−1,0		0,0		1,0	1.4,0
−1.4, 0				0.7, −0.7		
		−0.7, −0.7				
	−1, −1		0, −1		1, −1	
			0, −1.4			

（a）旋转前图像的坐标

		1				
			2			
		1			3	
			2			
1			3			
		2				
			3			

（b）旋转后图像的坐标

图 4.11　旋转变换坐标变化

一幅图像的旋转变换如图4.12所示。

（a）原图

（b）旋转

图 4.12　旋转变换

图4.12所示效果的实现代码如下：

```
from PIL import Image
import matplotlib.pyplot as plt
```

```python
# 读取图像
img = Image.open('cat.jpg')
# 旋转角度
angle = -30
# 旋转
new_img = img.rotate(angle)
# 中文支持
plt.rcParams['font.sans-serif'] = ['SimHei']
# 设置字号
plt.rcParams.update({"font.size": 16})
# 显示图像
plt.figure(figsize=(6, 8))
plt.subplot(211), plt.axis('off'), plt.title('(a)原图'), plt.imshow(img)
plt.subplot(212),plt.axis('off'),plt.title('(b)旋转'),plt.imshow(new_img)
plt.show()
```

4.5 插值运算

插值运算用于填充图像中因几何变换产生的空点，以及使得图像中的锯齿变得平滑。插值算法有很多种，一般来说，算法越复杂，插值效果越好，但消耗的算力越大。本节仅介绍两种最简单的插值算法：最近邻插值和双线性插值。

1. 最近邻插值

最近邻插值法是最简单的灰度值插值，也称作零阶插值，就是令变换后像素的灰度值等于距它最近的输入像素的灰度值。"最近"可理解为距离待插值像素位置的上方或左侧最近的像素点。下面通过一个例子对最近邻插值进行说明。

例4.5 最近邻插值示例。

原图像如图4.13所示。

$$
\begin{matrix}
1 & 1 & 1 \\
2 & 2 & 2 \\
3 & 3 & 3
\end{matrix}
$$

图 4.13 例 4.5 原图像

对原图像进行缩放变换后得到如图4.14所示图像。其中，"0"的位置就是需要我们插值的位置，根据最近邻插值原则，可以得到插值后的图像如图4.15所示。

$$
\begin{array}{ccc}
1 & 1 & 1 \\
0 & 0 & 0 \\
2 & 2 & 2 \\
0 & 0 & 0 \\
3 & 3 & 3 \\
\end{array}
$$

图 4.14　缩放后的图像

$$
\begin{array}{ccc}
1 & 1 & 1 \\
1 & 1 & 1 \\
2 & 2 & 2 \\
2 & 2 & 2 \\
3 & 3 & 3 \\
\end{array}
$$

图 4.15　插值后的图像

2. 双线性插值

双线性插值也称作线性插值，该算法假设图像中相邻像素的灰度变化是线性的，则在一个正方形区域内的任意一点的灰度值可由x和y两个方向上的线性求出，如图4.16所示。

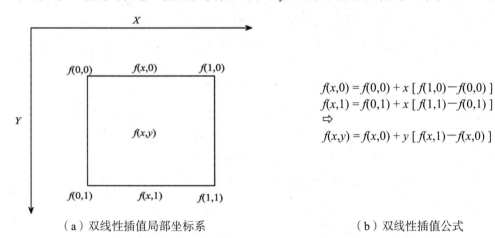

$$f(x,0) = f(0,0) + x\,[\,f(1,0) - f(0,0)\,]$$
$$f(x,1) = f(0,1) + x\,[\,f(1,1) - f(0,1)\,]$$
$$\Rightarrow$$
$$f(x,y) = f(x,0) + y\,[\,f(x,1) - f(x,0)\,]$$

（a）双线性插值局部坐标系　　　　　　（b）双线性插值公式

图 4.16　双线性插值

下面通过一个例子来说明双线性插值的过程。

例 4.6　双线性插值示例。

原图像如图4.17所示。

$$
\begin{array}{ccc}
1 & 1 & 1 \\
2 & 2 & 2 \\
3 & 3 & 3 \\
\end{array}
$$

图 4.17　例 4.6 原图像

对原图像进行缩放变换后得到如图4.18所示图像。其中，"0"的位置就是需要我们插值的位置。

```
1  1  1
0  0  0
2  2  2
0  0  0
3  3  3
```

图 4.18　例 4.6 缩放后的图像

如图4.19所示，建立直角坐标系，则$f(x=0,y=0.5)$ = ？

	0		1	
0	**1**	**1**	**1**	
0.5	?	?	?	
1	2	2	2	
	?	?	?	
	3	3	3	

图 4.19　求 $f(x=0,y=0.5)$坐标系

已知$f(0,0)=1$、$f(1,0)=1$、$f(0,1)=2$、$f(1,1)=2$，则双线性插值公式与步骤如下：

（1）求$f(x,0)=f(0,0)+x\,[f(1,0)-f(0,0)]=1+0\times(1-1)=1$。

（2）求$f(x,1)=f(0,1)+x\,[f(1,1)-f(0,1)]=2+0\times(2-2)=2$。

（3）求$f(x,y)=f(x,0)+y\,[f(x,1)-f(x,0)]=1+0.5\times(2-1)=1.5$，如图4.20所示。

	0		1	
0	**1**	**1**	**1**	
0.5	1.5	?	?	
1	2	2	2	
	?	?	?	
	3	3	3	

图 4.20　$f(x=0,y=0.5)$

如图4.21所示，建立直角坐标系，$f(x=1,y=0.5)$ = ？

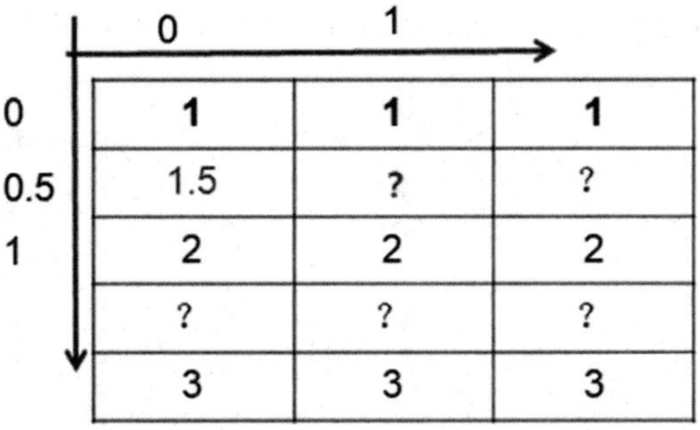

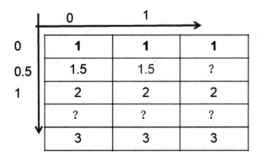

图 4.21　求 $f(x=1, y=0.5)$ 坐标系

已知 $f(0,0) = 1$、$f(1,0) = 1$、$f(0,1) = 2$、$f(1,1) = 2$，则双线性插值公式与步骤如下：

（1）求 $f(x,0) = f(0,0) + x[f(1,0) - f(0,0)] = 1 + 1 \times (1-1) = 1$。

（2）求 $f(x,1) = f(0,1) + x[f(1,1) - f(0,1)] = 2 + 1 \times (2-2) = 2$。

（3）求 $f(x,y) = f(x,0) + y[f(x,1) - f(x,0)] = 1 + 0.5 \times (2-1) = 1.5$，如图4.22所示。

图 4.22　$f(x=1, y=0.5)$

如图4.23所示，建立新直角坐标系，$f(x=1, y=0.5) = ?$

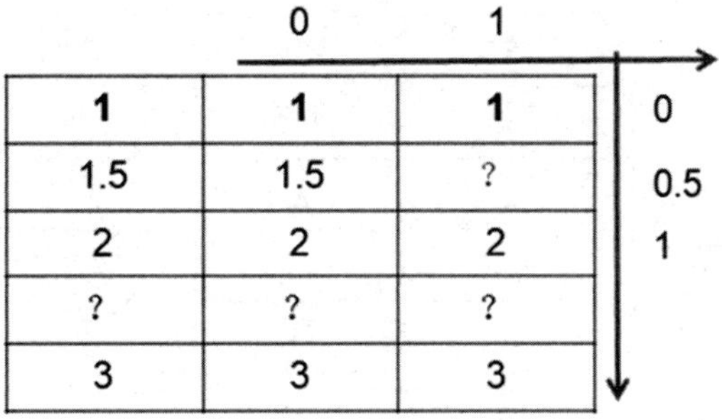

图 4.23　求 $f(x=1, y=0.5)$ 新坐标系

已知 $f(0,0) = 1$、$f(1,0) = 1$、$f(0,1) = 2$、$f(1,1) = 2$，则双线性插值公式与步骤如下：

（1）求 $f(x,0) = f(0,0) + x[f(1,0) - f(0,0)] = 1 + 1 \times (1-1) = 1$。

（2）求 $f(x,1) = f(0,1) + x[f(1,1) - f(0,1)] = 2 + 1 \times (2-2) = 2$。

（3）求$f(x,y) = f(x,0) + y[f(x,1)-f(x,0)] = 1 + 0.5×(2-1) = 1.5$，如图4.24所示。

	0	1	
1	**1**	**1**	0
1.5	1.5	1.5	0.5
2	2	2	1
?	?	?	
3	3	3	

图 4.24　新坐标系下 $f(x=1,y=0.5)$

如图4.25所示，建立新直角坐标系，$f(x=0,y=0.5) = ?$

	1	**1**	**1**
	1.5	1.5	1.5
0	2	2	2
0.5	?	?	?
1	3	3	3
	0	1	

图 4.25　$f(x=0,y=0.5)$新坐标系

已知：$f(0,0) = 2$，$f(1,0) = 2$，$f(0,1) = 3$，$f(1,1) = 3$，则双线性插值公式与步骤：

（1）求$f(x,0) = f(0,0) + x[f(1,0)-f(0,0)] = 2 + 0×(2-2) = 2$。

（2）求$f(x,1) = f(0,1) + x[f(1,1)-f(0,1)] = 3 + 0×(3-3) = 3$。

（3）求$f(x,y) = f(x,0) + y[f(x,1)-f(x,0)] = 2 + 0.5×(3-2) = 2.5$，如图4.26所示。

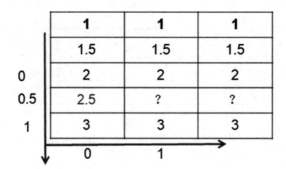

图 4.26　新坐标系下 $f(x=0,y=0.5)$

如图4.27所示，建立新直角坐标系，$f(x=1,y=0.5) = ?$

	1	**1**	**1**
	1.5	1.5	1.5
0	2	2	2
0.5	2.5	?	?
1	3	3	3
	0	1	

图 4.27　求 $f(x=1, y=0.5)$ 新坐标系

已知：$f(0,0)=2$，$f(1,0)=2$，$f(0,1)=3$，$f(1,1)=3$，则双线性插值公式与步骤：

（1）求 $f(x,0)=f(0,0)+x\,[\,f(1,0)-f(0,0)\,]=2+1\times(2-2)=2$。

（2）求 $f(x,1)=f(0,1)+x\,[\,f(1,1)-f(0,1)\,]=3+1\times(3-3)=2$。

（3）求 $f(x,y)=f(x,0)+y\,[\,f(x,1)-f(x,0)\,]=2+0.5\times(3-2)=2.5$，如图4.28所示。

	1	**1**	**1**
	1.5	1.5	1.5
0	2	2	2
0.5	2.5	2.5	?
1	3	3	3
	0	1	

图 4.28　新坐标系下 $f(x=1, y=0.5)$

如图4.29所示，建立新直角坐标系，$f(x=1, y=0.5)=$ ？

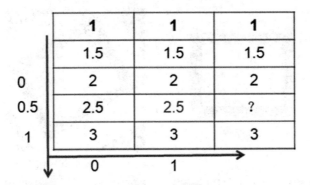

图 4.29　求 $f(x=1, y=0.5)$ 新坐标系

已知：$f(0,0)=2$，$f(1,0)=2$，$f(0,1)=3$，$f(1,1)=3$，则双线性插值公式与步骤：

（1）求 $f(x,0)=f(0,0)+x\,[\,f(1,0)-f(0,0)\,]=2+1\times(2-2)=2$。

（2）求 $f(x,1)=\quad f(0,1)+x\,[\,f(1,1)-f(0,1)\,]=3+1\times(3-3)=3$。

（3）求$f(x,y)=f(x,0)+y\left[f(x,1)-f(x,0)\right]=2+0.5\times(3-2)=2.5$，如图4.30所示。

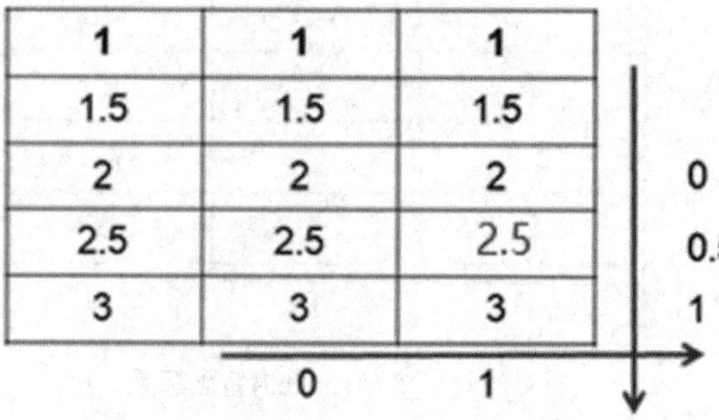

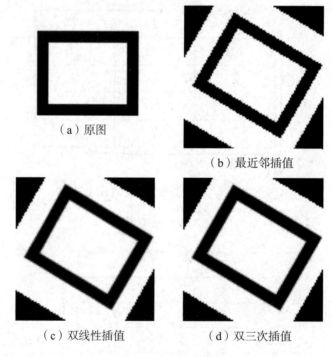

图 4.30　新坐标系下 $f(x=1,y=0.5)$

3. 插值算法的编程实现

不同插值算法的插值效果如图4.31所示。

（a）原图

（b）最近邻插值

（c）双线性插值

（d）双三次插值

图 4.31　插值算法

图4-31所示效果的实现代码如下：

```python
from PIL import Image
import matplotlib.pyplot as plt


img = Image.open('rectangle.jpg')
```

```
# 旋转角度
angle = -30
# 旋转(最近邻插值)
nearest = img.rotate(angle, resample=Image.NEAREST)
# 旋转(双线性插值)
bilinear = img.rotate(angle, resample=Image.BILINEAR)
# 旋转(双三次插值)
bicubic = img.rotate(angle, resample=Image.BICUBIC)
# 中文支持
plt.rcParams['font.sans-serif'] = ['SimHei']
# 设置字号
plt.rcParams.update({"font.size": 16})
# 显示图像
plt.figure(figsize=(8, 8))
plt.subplot(221), plt.axis('off'), plt.title('原图'), plt.imshow(img)
plt.subplot(222) , plt.axis('off') , plt.title('(a) 最近邻插值') ,
plt.imshow(nearest)
plt.subplot(223) , plt.axis('off') , plt.title('(b) 双线性插值') ,
plt.imshow(bilinear)
plt.subplot(224) , plt.axis('off') , plt.title('(c) 双三次插值') ,
plt.imshow(bicubic)
plt.show()
```

4.6　仿射与投影

仿射变换由以下公式定义,其中T表示平移量,S表示缩放量,θ表示旋转角度,由变换公式可知,我们前面讲的平移变换、缩放变换、旋转变换都属于仿射变换。

$$\begin{bmatrix} u \\ v \\ 1 \end{bmatrix} = \begin{bmatrix} S_x \cos\theta & S_x \sin\theta & 0 \\ -S_y \sin\theta & S_y \cos\theta & 0 \\ T_x & T_y & 1 \end{bmatrix} \begin{bmatrix} x \\ y \\ 1 \end{bmatrix}$$

仿射变换是一种二维坐标之间的线性变换,它保持了二维图形的"平直性"(直线经过变换之后依然是直线)和"平行性"(二维图形之间的相对位置关系保持不变,平行线依然是平行线,且直线上点的位置顺序不变),如图4.32所示。

 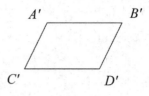

$$图 4.32 \quad 仿射变换$$

投影变换由以下公式定义，其中 T 表示平移量，S 表示缩放量，θ 表示旋转角度，由变换公式可知，投影变换是非线性的。

$$
\begin{bmatrix} x' \\ y' \\ z' \end{bmatrix} =
\begin{bmatrix}
S_x \cos\theta & S_x \sin\theta & 0 \\
-S_y \sin\theta & S_y \cos\theta & 0 \\
T_x & T_y & 1
\end{bmatrix}
$$

$$
\begin{bmatrix} u \\ v \\ 1 \end{bmatrix} =
\begin{bmatrix}
S_{x'} \cos\theta' & S_{x'} \sin\theta' & 0 \\
-S_{y'} \sin\theta' & S_{y'} \cos\theta' & 0 \\
T_{x'} & T_{y'} & 1
\end{bmatrix}
$$

投影变换是将图片投影到一个新的视平面，也称作透视变换. 它是二维 (x, y) 空间到三维 (x', y', z') 空间，再到另一个二维 (x', y') 空间的映射。投影变换不再保持"平直性"和"平行性"，如图 4.33 所示。

 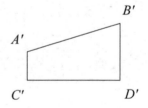

$$图 4.33 \quad 投影变换$$

仿射和投影的图像变换效果如图 4.34 所示。

  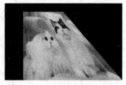

（a）原图　　　　　　　（b）仿射　　　　　　　（c）投影

$$图 4.34 \quad 仿射与投影变换$$

图 4.34 所示效果的实现代码如下：

```python
import numpy as np
import matplotlib.pyplot as plt
```

```
import cv2
from skimage import io


# 读取 BGR 图像
image = io.imread("cat.jpg")
# 高宽
h, w = image.shape[:2]
# 仿射变换 (三点变换)
src1 = np.float32([[0, 0], [w - 1, 0], [0, h - 1]])
dst1 = np.float32([[0, h * 0.3], [w * 0.8, w * 0.2], [w * 0.15, w * 0.7]])
affine_transform = cv2.getAffineTransform(src1, dst1)
affine_img = cv2.warpAffine(image, affine_transform, (w, h))


# 投影变换 (四点变换)
src2 = np.float32([[0, 0], [w - 1, 0], [0, h - 1], [w - 1, h - 1]])
dst2 = np.float32([[100, 50], [w / 2.0, 50], [100, h - 1], [w - 1, h - 1]])
projective_transform = cv2.getPerspectiveTransform(src2, dst2)
projective_img = cv2.warpPerspective(image, projective_transform, (w, h))


# 中文支持
plt.rcParams['font.sans-serif'] = ['SimHei']
# 设置字号
plt.rcParams.update({"font.size": 16})
# 显示图像
plt.figure(figsize=(12, 4))
plt.subplot(131), plt.axis('off'), plt.title('原图'), plt.imshow(image)
plt.subplot(132), plt.axis('off'), plt.title('仿射'), plt.imshow(affine_img)
plt.subplot(133)   ,   plt.axis('off')   ,   plt.title('  投  影  ')   ,
plt.imshow(projective_img)
   plt.show()
```

4.7　图像配准

前面我们从正变换的角度讲了图像的平移、缩放、旋转以及仿射与投影变换。图像配准是从图像几何形变归一化的角度，进行几何逆变换，将同一场景下的两幅或多幅图像进行对准。比如，在人脸识别系统中，在同一场景中的同一张人脸，可能存在不同的大小、位置、拍摄角度。因此在执行识别算法之前，我们需要先对人脸图像进行对准，使得所有人脸图像的大小、拍摄角度、位置等几何信息基本保持一致。

图像配准要先假定两幅图像之间存在仿射变换或者投影变换，然后求出仿射变换或者投影变换矩阵，最后进行逆变换，就可实现配准。例如，假设两幅图像之间存在仿射变换，即存在以下关系

$$\begin{bmatrix} u \\ v \\ 1 \end{bmatrix} = \begin{bmatrix} S_x\cos\theta & S_x\sin\theta & 0 \\ -S_y\sin\theta & S_y\cos\theta & 0 \\ T_x & T_y & 1 \end{bmatrix} \begin{bmatrix} x \\ y \\ 1 \end{bmatrix}$$

将上面的公式简写为$A=B\times C$，则A表示基准图像中的一个点，B表示变换矩阵，C表示配准图像中的一个点，要求配准图像变换为与基准图像的大小、拍摄位置、角度等几何信息保持一致，则需要求出变换矩阵B，然后由矩阵求逆得到逆变换矩阵B^{-1}，最后进行逆变换$C' = C \times B^{-1}$，则逆变换后的图像与基准图像的大小、拍摄位置、角度等几何信息保持一致。由线性方程求解要求可知，想要求出B，需要先找到足够多的A与C之间的配准对（即基准图像与配准图像中物理意义一致的像素对，至少3对）。由上可知，实现图像配准的步骤如下：

（1）读入基准图像和配准图像。

（2）指定变换方法为仿射或投影。

（3）获取足够多的配准对。

（4）求出变换矩阵。

（5）对配准图像进行变换，实现配准。

图像配准的效果如图4.35所示。

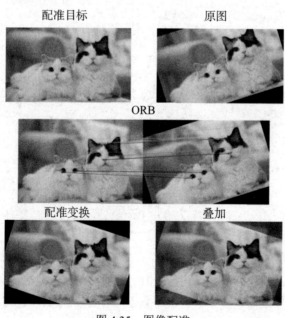

图4.35　图像配准

图4.35所示效果的实现代码如下:

```
from skimage import io
import cv2 as cv
import numpy as np
import matplotlib.pyplot as plt


img1 = io.imread('cat.jpg')
img2 = io.imread('cat1.jpg')
# 使用 ORB 查找关键点和描述符
orb = cv.ORB_create()
kp1, des1 = orb.detectAndCompute(img1, None)
kp2, des2 = orb.detectAndCompute(img2, None)
# 创建 BFMatcher 对象
bf = cv.BFMatcher(cv.NORM_HAMMING, crossCheck=True)
# 匹配描述符
matches = bf.match(des1, des2)
# 如果匹配点超过 4 个
if len(matches) > 4:
    # 按距离排序
    matches = sorted(matches, key=lambda x: x.distance)
    # 前 20 个匹配点被选为良好匹配点
    goodMatch = matches[:20]
    # 绘制良好匹配点
    img3 = cv.drawMatches(img1, kp1, img2, kp2, goodMatch, None, flags=2)
    # reshape
    ptsA = np.float32([kp1[m.queryIdx].pt for m in goodMatch]).reshape(-1,
1, 2)
    ptsB = np.float32([kp2[m.trainIdx].pt for m in goodMatch]).reshape(-1,
1, 2)
    # 将点对视为内点的最大允许重投影误差
    ransacReprojThreshold = 4
    H , status  =  cv.findHomography(ptsA , ptsB , cv.RANSAC ,
ransacReprojThreshold)
    # 其中 H 为求得的矩阵
    # status 则返回一个列表来表征匹配成功的特征点。
    # ptsA,ptsB 为关键点
    # cv2.RANSAC, ransacReprojThreshold 这两个参数与 RANSAC 有关
```

```
        registration_img = cv.warpPerspective(img2, H, (img1.shape[1],
img1.shape[0]),
                                flags=cv.INTER_LINEAR         +
cv.WARP_INVERSE_MAP)
        # 叠加配准变换图与基准图
        overlapping = cv.addWeighted(img1, 0.6, registration_img, 0.4, 0)

        # 中文支持
        plt.rcParams['font.sans-serif'] = ['SimHei']
        # 设置字号
        plt.rcParams.update({"font.size": 16})
        # 显示图像
        plt.figure(figsize=(10, 10))
        plt.subplot(322), plt.title('原图'), plt.axis('off'), plt.imshow(img2)
        plt.subplot(321), plt.title(' 配 准 目 标 '), plt.axis('off'),
plt.imshow(img1)
        plt.subplot2grid((3, 2), (1, 0), colspan=2)
        plt.axis('off'), plt.title('orb'), plt.imshow(img3)
        plt.subplot(325), plt.title(' 配 准 变 换 '), plt.axis('off'),
plt.imshow(registration_img)
        plt.subplot(326), plt.title(' 叠 加 '), plt.axis('off'),
plt.imshow(overlapping)
        plt.show()
```

4.8 章节练习

1. 原始图像如下。

[1 1 1 1

2 2 2 2

3 3 3 4

4 4 4 4],

设T_x=1，T_y=2，写出矩阵运算步骤，计算出平移后的图像。

2. 从网上下载一幅图片，编程实现平移变换。

3. 原始图像如下。

[1 1 1 1

2 2 2 2

3 3 3 4

4 4 4 4],

设S_x=1，S_y=2，写出矩阵运算步骤，计算出缩放后的图像。

4．从网上下载一幅图片，编程实现缩放变换。

5．原始图像如下，

[1 1 1

2 2 2

3 3 3]，

顺时针旋转90° 写出矩阵运算步骤，计算出旋转后的图像。

6．从网上下载一幅图片，编程实现旋转变换。

7．从网上下载一幅图片，编程实现旋转变换，并在旋转变换中采取不同的插值技术。

8．从网上下载一幅图片，编程实现仿射变换和投影变换，并尝试不同的仿射、投影参数。

9．从网上下载一幅图片，先进行旋转，然后编程实现原始图像与旋转图像的配准。

5 空间域图像增强

5.1 基本概念

图像增强通常指改善一幅图像的质量，例如，消除图像噪声就是一种最常见的图像增强手段。图像增强通常可分为空间域图像增强与频率域图像增强。空间域图像增强指的是直接在原始图像空间中对图像进行操作。

5.2 相关与卷积

1. 互相关与自相关

互相关描述的是函数$f(x)$与$g(t)$在任意两个不同时刻x与t的取值之间的相关程度，互相关函数的连续形式和离散形式分别由以下两个公式表达。

连续形式：
$$C(x) = f(x) \otimes g(t)$$
$$= \int_{t=-n}^{n} f(x+t)g(t)\mathrm{d}t$$

离散形式：
$$C(x) = f(x) \otimes g(t)$$
$$= \sum_{t=-n}^{n} f(x+t)g(t)$$

自相关就是函数和函数本身的相关性，即$f(x) = g(t)$，当函数中有周期性分量的时候，自相关函数的极大值能够很好地体现这种周期性，如图5.1所示。

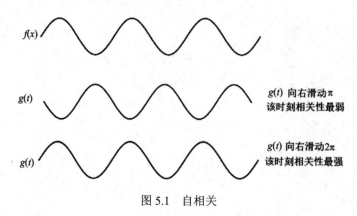

图 5.1　自相关

互相关就是两个函数之间的相关性，当两个函数都具有相同周期分量的时候，它的极大值同样能体现这种周期性的分量，如图5.2所示。

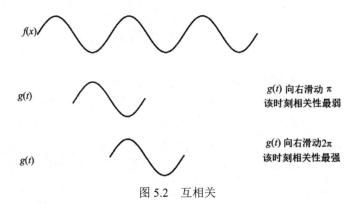

$f(x)$

$g(t)$

$g(t)$ 向右滑动 π
该时刻相关性最弱

$g(t)$

$g(t)$ 向右滑动2π
该时刻相关性最强

图 5.2　互相关

2. 卷积

卷积指的是函数$f(x)$与$g(t)$经过翻转和平移的重叠部分函数值的乘积对重叠长度的积分。卷积的连续形式和离散形式分别由以下两个公式描述。

连续形式：
$$R(x) = f(x) * g(t)$$
$$= \int_{t=-n}^{n} f(x+t)g(-t)\mathrm{d}t$$

离散形式：
$$R(x) = f(x) * g(t)$$
$$= \sum_{t=-n}^{n} f(x+t)g(-t)$$

从以上两个公式可以看到，卷积与相关极其相似，唯一不同之处在于$g(t)$在卷积中需要翻转。下面我们通过一个具体的例子来解释翻转。

例 5.1　翻转示例。

原函数如图5.3所示。

n	0	1	2
$g(n)$	1	2	3

图 5.3　例 5.1 原函数

翻转后的函数，如图5.4所示。

k	-2	-1	0
$g(k=-n)$	3	2	1

图 5.4　翻转后的函数

在信号与图像滤波中，我们通常认为 $f(x)$ 为原函数，$g(t)$ 为滤波器，又称为卷积核。在下文对滤波的描述中，我们统一采用卷积这个名词，并认为 $g(t)$ 已翻转。下面通过一个例子，解释卷积的具体操作。

例5.2 设 $f(x) = [1\ 2\ 3\ 7\ 8\ 9\ 4\ 5\ 6\ 7]$，$x \in [0,9]$；$g(t) = [1\ 1\ 1]$，$t \in [-1, 1]$。求 $f(x)$ 与 $g(t)$ 的卷积 $R(x)$。

本例中，$f(x)$ 是一维单通道图像矩阵，$g(t)$ 是滤波器（可视为已经反转），$R(x)$ 为滤波后的图像。由于 $x \in [0,9]$ 且 $t \in [-1,1]$，所以 $x+t \in [-1,10]$，则在滤波的过程中，$f(x)$ 需要在边际处补上一个值，通常采用最近邻法补值，补值后，$f(x+t)=[1\ 1\ 2\ 3\ 7\ 8\ 9\ 4\ 5\ 6\ 7\ 7]$。$f(x)$ 与 $g(t)$ 的卷积为将 $g(t)$ 不断向右侧滑动，每滑动一次，将 $f(x)$ 与 $g(t)$ 的重叠部分做点积后求和，得到每次滑动对应的 $R(x)$ 值，该过程如图5.5所示。

x	−1	0	1	2	3	4	5	6	7	8	9	10
$f(x+t)$	1	1	2	3	7	8	9	4	5	6	7	7
$R(0)$	1	1	1									
$R(1)$		1	1	1								
$R(2)$			1	1	1							
$R(3)$				1	1	1						
$R(4)$					1	1	1					
$R(5)$						1	1	1				
$R(6)$							1	1	1			
$R(7)$								1	1	1		
$R(8)$									1	1	1	
$R(9)$										1	1	1

图 5.5　卷积

下面给出卷积的具体运算过程。

$R(0) = \text{sum}(f(0+t)g(t))\quad t \in [-1,1]$

$\qquad = f(0-1)g(-1) + f(0+0)g(0) + f(0+1)g(1)$

$\qquad = 1 \times 1 + 1 \times 1 + 2 \times 1\quad = 4$

$R(1) = \text{sum}(f(1+t)g(t))\quad t \in [-1,1]$

$\qquad = f(1-1)g(-1) + f(1+0)g(0) + f(1+1)g(1)$

$\qquad = 1 \times 1 + 2 \times 1 + 3 \times 1 = 6$

$R(2) = \text{sum}(f(2+t)g(t)),\ t \in [-1,1]$

$\qquad = f(2-1)g(-1) + f(2+0)g(0) + f(2+1)g(1)$

$\qquad = 2 \times 1 + 3 \times 1 + 7 \times 1 = 12$

……

$R(9) = \text{sum}(f(9+t)g(t)),\ t \in [-1,1]$

$= f(9-1)g(-1) + f(9+0)g(0) + f(9+1)g(1)$

$=6\times1 + 7\times1 + 7\times1 = 20$

最终，$R(x) = [4 \quad 6 \quad 12 \quad 18 \quad 24 \quad 21 \quad 18 \quad 15 \quad 18 \quad 20]$

3. 二维卷积

二维卷积的过程如下：

（1）$g(t)$沿X轴向右滑动一个单元，计算与$f(x)$的重叠部分的点积之和。

（2）重复（1），直至$g(t)$滑动完一行。

（3）$g(t)$沿Y轴向下移动一个单元。

（4）重复（1）～（3），直到$g(t)$滑动完整幅图像。

下面通过一个例子来说明二维卷积的过程。

例 5.3 已知$f(x)$和$g(t)$如图 5.6 所示，求卷积。

1	2
2	1

(a) $f(x)$

1	1
-1	-1

（b）$g(t)$

图 5.6 例 5.3 图

先对$f(x)$补零值，如图5.7所示。然后滑动求卷积，如图5.8所示。

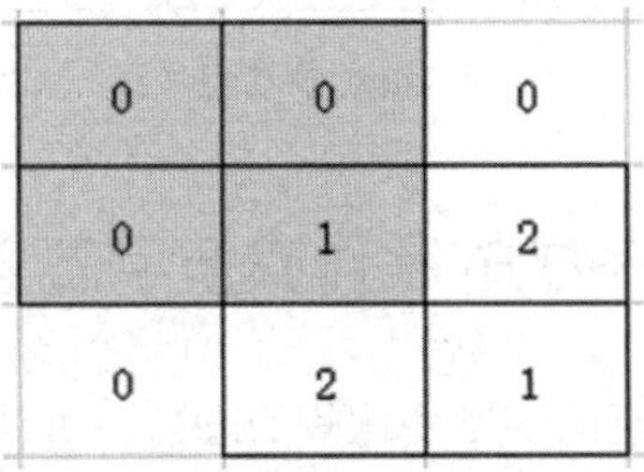

图 5.7 对$f(x)$补零值

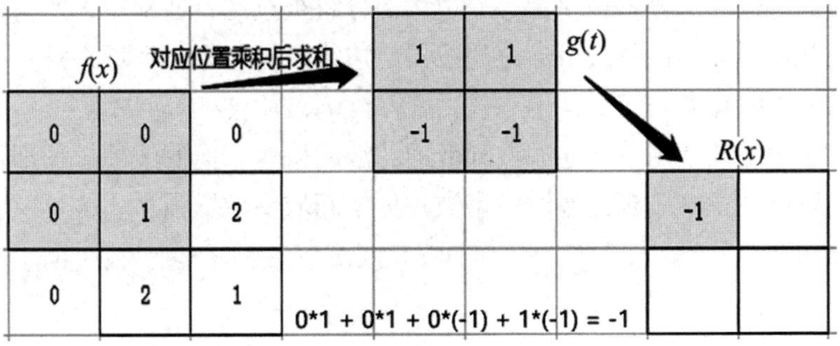

图 5.8 滑动求卷积

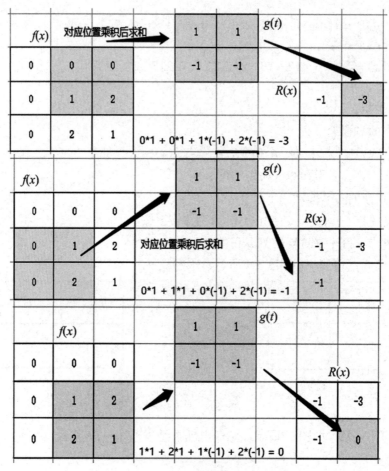

图 5.8 滑动求卷积（续）

5.3 图像的低通滤波与高通滤波

图像的边缘处和噪声点附近的灰度变化较为剧烈，可认为这部分是图像中频率较高的部分。基于这个观察，人们提出了高通滤波与低通滤波。高通滤波指的是让图像中的高频分量通过滤波器，边缘部分将被保留，非边缘部分将被过滤，通常用于图像的边缘提取。低通滤波指的是让图像的低频分量通过滤波器，边缘区域与噪声区域将被平滑，通常用于图像边缘平滑和去除噪声。

注意，本章中虽然使用了高通滤波和低通滤波的概念，但滤波的过程都是在图像空间域中执行的，所以本章中用到的滤波模型被称为空间域图像增强。

5.4　图像降噪

一、平均滤波

平均滤波是一种经典的图像降噪模型，通过对图像局部窗口内的像素灰度值取均值以降低噪声。平均滤波是一种低通滤波。平均滤波的卷积核$g(t)$定义为

$$g = \frac{1}{9}\begin{bmatrix} 1 & 1 & 1 \\ 1 & 1 & 1 \\ 1 & 1 & 1 \end{bmatrix}$$

通过将上面定义的卷积核与原图像做卷积，可得到消除噪声和平滑边缘的效果。平均滤波的滤波效果如图5.9所示。

（a）原图

（b）平均滤波

图 5.9　平均滤波

图5.9所示效果的实现代码如下：

```
from skimage import io
import matplotlib.pyplot as plt
import cv2
import random
```

```
# 椒盐噪声
def salt_and_pepper(src，ratio)：
    noise_img = src
    noise_num = int(ratio * src.shape[0] * src.shape[1])
    for i in range(noise_num)：
        rand_x = random.randint(0，src.shape[0] - 1)
        rand_y = random.randint(0，src.shape[1] - 1)
        if random.randint(0，1) <= 0.5：
            noise_img[rand_x，rand_y] = 0
        else：
            noise_img[rand_x，rand_y] = 255
    return noise_img

img = io.imread("cat.jpg")
img = salt_and_pepper(img，0.1)
# 平均滤波，过滤器为 5*5 的滤波器
mean_img = cv2.blur(img，(5，5))
# 中文支持
plt.rcParams['font.sans-serif'] = ['SimHei']
# 设置字号
plt.rcParams.update({"font.size": 16})
# 显示图像
plt.figure('filters'，figsize=(6, 8))
plt.subplot(211)，plt.axis('off')，plt.title('原图')，plt.imshow(img)
plt.subplot(212)， plt.axis('off')， plt.title(' 平 均 滤 波 ')，
plt.imshow(mean_img)
plt.show()
```

2. 高斯滤波

高斯滤波也是一种低通滤波，通过使用一个高斯核和原图像做卷积，实现降低噪声的效果。一维高斯定义公式如下所示，其中σ为方差，当x接近3σ和-3σ时，$g(x)$接近0，当$x=0$时，$g(x)$取最大值。

$$g(x) = \frac{1}{\sqrt{2\pi}\sigma} \exp\left(-\frac{x^2}{2\sigma^2}\right),\ x \in [-3\sigma, 3\sigma]$$

一维高斯如图5.10所示。

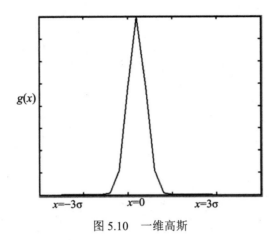

图 5.10　一维高斯

二维高斯定义如下：

$$g(x,\ y) = \frac{1}{\sqrt{2\pi}\sigma^2} \exp\left(-\frac{x^2+y^2}{2\sigma^2}\right),\ x\in[-3\sigma,3\sigma],y\in[-3\sigma,3\sigma]$$

二维高斯卷积定义如下：

$$R(x,y) = f(x,y) * g(x,y)$$

二维高斯如图5.11所示。

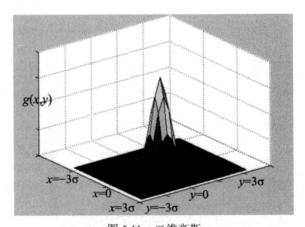

图 5.11　二维高斯

下面我们通过一个例子，讲解一个高斯滤波器（高斯核）的生成过程。

例 5.4　生成一个=1.8，滤波器窗口长度为 3 的高斯核。

首先，建立局部直角坐标系，窗口为3的高斯核每个点的坐标如图5.12所示。

<pre>
    –1, 1   0, 1   1, 1
    –1, 0   0, 0   1, 0
    –1, –1   0, –1   1, –1
</pre>

图 5.12　高斯核每个点的坐标

然后，代入公式

$$m(i,j) = \frac{1}{2\pi\sigma^2}\exp\left(-\frac{(i^2+j^2)}{2\sigma^2}\right)$$

得到如图5.13所示结果。

i	j	$m(i,j)$
–1	1	$\frac{1}{2\pi\sigma^2}\exp\left(-\frac{((-1)^2+1^2)}{2\sigma^2}\right) = 0.036$
0	1	$\frac{1}{2\pi\sigma^2}\exp\left(-\frac{(0^2+1^2)}{2\sigma^2}\right) = 0.042$
1	1	$\frac{1}{2\pi\sigma^2}\exp\left(-\frac{(1^2+1^2)}{2\sigma^2}\right) = 0.036$
–1	0	$\frac{1}{2\pi\sigma^2}\exp\left(-\frac{((-1)^2+0^2)}{2\sigma^2}\right) = 0.042$
0	0	$\frac{1}{2\pi\sigma^2}\exp\left(-\frac{(0^2+0^2)}{2\sigma^2}\right) = 0.049$
1	0	$\frac{1}{2\pi\sigma^2}\exp\left(-\frac{1^2+0^2}{2\sigma^2}\right) = 0.042$
–1	–1	$\frac{1}{2\pi\sigma^2}\exp\left(-\frac{(-1)^2+(-1)^2}{2\sigma^2}\right) = 0.036$
0	–1	$\frac{1}{2\pi\sigma^2}\exp\left(-\frac{0^2+(-1)^2}{2\sigma^2}\right) = 0.042$
1	–1	$\frac{1}{2\pi\sigma^2}\exp\left(-\frac{1^2+(-1)^2}{2\sigma^2}\right) = 0.036$
sum($m(i,j)$)		0.362

图 5.13　计算过程

最后，对$m(i,j)$做归一化处理，将所有$m(i,j)$除以sum($m(i,j)$)，得到归一化后的高斯核$m(i,j)$，如图5.14所示。

i	j	$m(i,j)$
–1	1	0.036/0.362=0.099
0	1	0.042/0.362=0.116
1	1	0.036/0.362=0.099
–1	0	0.042/0.362=0.116
0	0	0.049/0.362=0.136
1	0	0.042/0.362=0.116
–1	–1	0.036/0.362=0.099
0	–1	0.042/0.362=0.116
1	–1	0.036/0.362=0.099

图 5.14　归一化后的高斯核

高斯图像滤波的效果如图5.15所示。

（a）原图

（b）高斯滤波

图 5.15　高斯滤波

图5.15所示效果的实现代码如下：

```python
from skimage import io
import matplotlib.pyplot as plt
import cv2
import random


# 椒盐噪声
def salt_and_pepper(src, ratio):
    noise_img = src
    noise_num = int(ratio * src.shape[0] * src.shape[1])
    for i in range(noise_num):
        rand_x = random.randint(0, src.shape[0] - 1)
        rand_y = random.randint(0, src.shape[1] - 1)
        if random.randint(0, 1) <= 0.5:
            noise_img[rand_x, rand_y] = 0
        else:
            noise_img[rand_x, rand_y] = 255
```

```
    return noise_img

img = io.imread("cat.jpg")
img = salt_and_pepper(img, 0.1)
# 高斯滤波,过滤器为11*11,x方向上标准差为1的滤波器
gaussian_img = cv2.GaussianBlur(img, ksize=(11, 11), sigmaX=1)
# 中文支持
plt.rcParams['font.sans-serif'] = ['SimHei']
# 设置字号
plt.rcParams.update({"font.size": 16})
# 显示图像
plt.figure('filters', figsize=(6, 8))
plt.subplot(211), plt.axis('off'), plt.title('原图'), plt.imshow(img)
plt.subplot(212), plt.axis('off'), plt.title('高斯滤波'), plt.imshow
(gaussian_img)
plt.show()
```

3. 中值滤波

中值滤波法是一种非线性平滑技术，它将每一像素点的灰度值设置为该点某邻域窗口内的所有像素点灰度值的中值。下面通过一个例子来说明中值滤波的过程。

例 5.5 已知单通道图像如下，进行 3×1 中值滤波。

$$f(x) = [1 \quad 3 \quad 2], x \in [0,1,2]$$

先补值：

$$f(n) = [1 \quad 1 \quad 3 \quad 2 \quad 2], n \in [-1,0,1,2,3]$$

依次取邻域，排序后取中值：

$f(0)$的3邻域[1 1 3]排序后为[1 1 3]，中间的值为1，所以$R(0) =1$。

$f(1)$的3邻域[1 3 2]排序后为[1 2 3]，中间的值为2，所以$R(1)=2$。

$f(2)$的3邻域[3 2 2]排序后为[2 2 3]，中间的值为2，所以$R(2)=2$。

下面通过一个例子来对比中值滤波与平均滤波。

例 5.6 已知单通道图像如图 5.16 所示，对比中值滤波与平均滤波。

30	10	30
20	10	20
30	10	30

图 5.16　单通道图像

先使用最近邻法进行补值，如图5.17所示。

30	30	10	30	30
30	30	10	30	30
20	20	10	20	20
30	30	10	30	30
30	30	10	30	30

图 5.17　用最近邻法进行补值

滑动求平均，如图5.18所示。

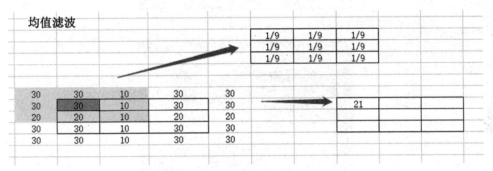

图 5.18　滑动求平均

滑动求中值，如图5.19所示。

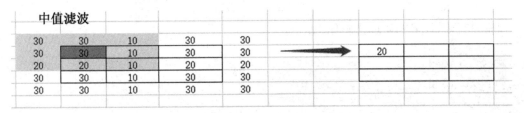

图 5.19　滑动求中值

得到的均值滤波结果如图5.20所示。得到的中值滤波结果如图5.21所示。

21	21	21
21	21	21
21	21	21

图 5.20　均值滤波结果

20	20	20
20	20	20
20	20	20

图 5.21　中值滤波结果

由上可知，中值滤波保留了原图像的像素值，从而更好地保留了原图像的信息。在某些噪声环境下（尤其椒盐噪声），中值滤波可以取得更好的降噪效果。

图像中值滤波的效果如图5.22所示。

（a）原图

（b）中值滤波

图 5.22　中值滤波

图5.22所示效果的实现代码如下：

```
from skimage import io
import matplotlib.pyplot as plt
import cv2
import random

# 椒盐噪声
def salt_and_pepper(src, ratio):
    noise_img = src
    noise_num = int(ratio * src.shape[0] * src.shape[1])
    for i in range(noise_num):
        rand_x = random.randint(0, src.shape[0] - 1)
        rand_y = random.randint(0, src.shape[1] - 1)
        if random.randint(0, 1) <= 0.5:
            noise_img[rand_x, rand_y] = 0
        else:
            noise_img[rand_x, rand_y] = 255
    return noise_img
```

```
img = io.imread("cat.jpg")
img = salt_and_pepper(img, 0.1)
# 中值滤波
median_img = cv2.medianBlur(img, 5)
# 中文支持
plt.rcParams['font.sans-serif'] = ['SimHei']
# 设置字号
plt.rcParams.update({"font.size": 16})
# 显示图像
plt.figure('filters', figsize=(6, 8))
plt.subplot(211), plt.axis('off'), plt.title('原图'), plt.imshow(img)
plt.subplot(212), plt.axis('off'), plt.title('中值滤波'), plt.imshow
(median_img)
plt.show()
```

5.5　图像锐化

1. 导数与微分

在介绍图像锐化之前，我们先简单介绍一下导数与微分的概念。

由于实数域内的连续函数 $f(x)$ 的导数由以下公式描述。

$$f'(x) = \lim_{\Delta x \to 0} \frac{f(x + \Delta x) - f(x)}{\Delta x}$$

则实数域内的离散函数 $f(n)$ 的导数可由以下公式描述。

$$f'(n) = \frac{f(n+1) - f(n)}{(n+1) - n} = f(n+1) - f(n)$$

由于实数域内的连续函数 $f(x)$ 的微分由以下公式描述。

$$df(x) = f'(x)dx$$

则实数域内的离散函数 $f(n)$ 的微分由以下公式描述。

$$df(n) = f'(n)dn = f'(n) = f(n+1) - f(n)$$

可知，在离散函数中，导数和微分是等价的。在本书的后文中，一律采用导数这个术语。下面通过一个具体的例子来说明数字图像中导数的计算。

例5.7　已知 $f(x) = \begin{bmatrix} 1 & 1 & 1 & 7 & 7 \end{bmatrix}$ 是一幅单通道5个像素的数字图像，求其一阶导

数和二阶导数。

一阶导数即原函数的后项减前项。

$$f'(x) = [1-1\ 1-1\ 7-1\ 7-7]$$
$$= [0\ 0\ 6\ 0]$$

二阶导数即一阶导数的导数。

$$f''(x) = [0-0\ 6-0\ 0-6]$$
$$= [0\ 6-6]$$

2. Sobel 算子

Sobel算子的思想源于函数求导。已知原函数如图5.23所示。

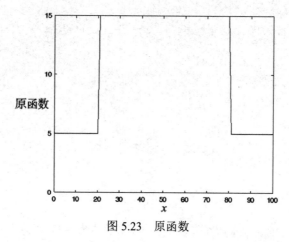

图 5.23　原函数

原函数的一阶导数如图5.24所示，可知原函数的一阶导数在原函数平滑处取零值，在原函数的"边缘"处取极值。所以，图像边缘增强可由图像求导来实现。

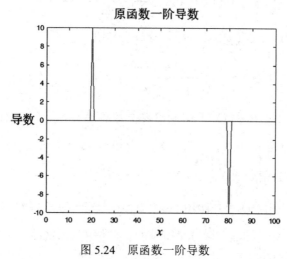

图 5.24　原函数一阶导数

高斯函数的一阶导数如图5.25所示。

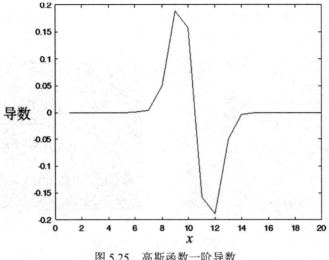

图 5.25　高斯函数一阶导数

原函数与高斯函数一阶导数的卷积如图5.26所示，可知，卷积的结果与求导非常相似，所以可以利用卷积操作来取代求导。

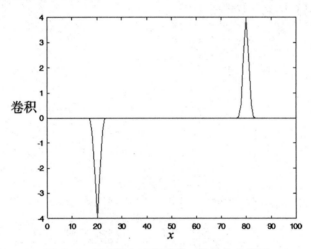

图 5.26　原函数与高斯函数一阶层数的卷积

Sobel算子由以下公式定义，其中w_1和w_2为两个卷积核，R_{sobel}表示Sobel算子的运算结果，abs表示取绝对值，$f(x,y)$表示原图像，*表示求卷积。

$$w_1 = \begin{bmatrix} -1 & -2 & -1 \\ 0 & 0 & 0 \\ 1 & 2 & 1 \end{bmatrix}$$
$$w_2 = \begin{bmatrix} -1 & 0 & 1 \\ -2 & 0 & 2 \\ -1 & 0 & 1 \end{bmatrix}$$
$$R_{sobel} = \text{abs}(f(x,y) * w_1) + \text{abs}(f(x,y) * w_2)$$

由于图像是二维的，所以图像的求导需要分别沿着x轴和y轴求偏导。$f(x,y) * w_1$相当于原函数对y求偏导，$f(x,y) * w_2$相当于原函数对x求偏导。由于导数在原图像灰度变化剧烈的地方取得极大值和极小值，所以我们仅保留绝对值来表示图像灰度变化的剧烈程度。

Sobel算子图像锐化的效果如图5.27所示。

（a）原图 （b）sobel

图 5.27　Sobel 算子图像锐化

图5.27所示效果的实现代码如下：

```
from skimage import io
import matplotlib.pyplot as plt
import cv2

img = io.imread("cat.jpg")
# Sobel 算子
x = cv2.Sobel(img, cv2.CV_16S, 1, 0)
y = cv2.Sobel(img, cv2.CV_16S, 0, 1)
# 转为 uint8
absX = cv2.convertScaleAbs(x)
absY = cv2.convertScaleAbs(y)
# 根据权重融合
sobel_img = cv2.addWeighted(absX, 0.5, absY, 0.5, 0)
# 转为 uint8
laplacian_img = cv2.convertScaleAbs(laplacian_img)
# 中文支持
plt.rcParams['font.sans-serif'] = ['SimHei']
# 设置字号
plt.rcParams.update({"font.size": 16})
# 显示图像
plt.figure('filters', figsize=(6, 8))
plt.subplot(211), plt.axis('off'), plt.title('原图'), plt.imshow(img)
plt.subplot(212)   ,   plt.axis('off')   ,   plt.title('sobel')   ,
plt.imshow(sobel_img)
```

```
plt.show()
```

3. 拉普拉斯算子

拉普拉斯算子的思想同样源于函数求导。已知原函数图5.28所示。

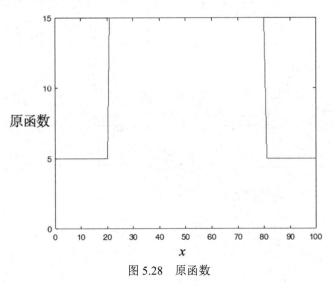

图 5.28 原函数

原函数的二阶导数如图5.29所示，可知原函数的二阶导数在原函数平滑处取零值，在原函数的"边缘"处取极值，所以，图像边缘增强也可由图像求二阶导数来实现。

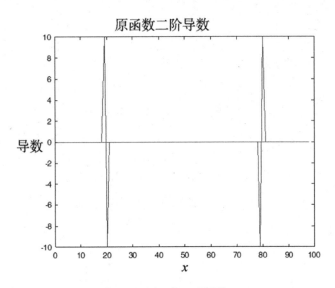

图 5.29 原函数二阶导数

高斯函数的二阶导数如图5.30所示。

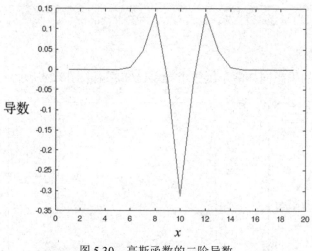

图 5.30　高斯函数的二阶导数

原函数与高斯函数二阶导数的卷积如图5.31所示，可知，卷积的结果与求导非常相似，所以可以利用卷积操作来取代求导。

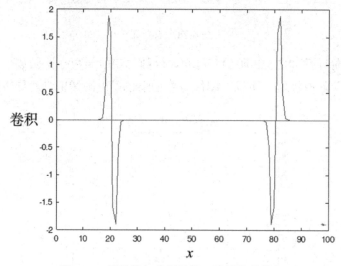

图 5.31　原函数与高斯函数二阶导数的卷积

拉普拉斯算子由以下公式定义，其中W表示卷积核，R_{laplace}表示拉普拉斯算子的运算结果，$f(x,y)$表示原图像，$*$表示求卷积。$f(x,y)*W$相当于对原图像x和y方向分别求二阶导数后相加。

$$W = \begin{bmatrix} 0 & -1 & 0 \\ -1 & 4 & -1 \\ 0 & -1 & 0 \end{bmatrix}$$
$$R_{\text{laplace}} = f(x,y) * W$$

拉普拉斯算子图像锐化的效果如图5.32所示。

（a）原图

（b）拉普拉斯

图 5.32 拉普拉斯算子图像锐化

图5.32所示效果的实现代码如下：

```
from skimage import io
import matplotlib.pyplot as plt
import cv2

img = io.imread("cat.jpg")
# 拉普拉斯滤波
laplacian_img = cv2.Laplacian(img, cv2.CV_16S, ksize=3)
# 转为uint8
laplacian_img = cv2.convertScaleAbs(laplacian_img)
# 中文支持
plt.rcParams['font.sans-serif'] = ['SimHei']
# 设置字号
plt.rcParams.update({"font.size": 16})
# 显示图像
plt.figure('filters', figsize=(6, 8))
plt.subplot(211), plt.axis('off'), plt.title('原图'), plt.imshow(img)
```

```
plt.subplot(212) ， plt.axis('off') ， plt.title(' 拉 普 拉 斯 ') ，
plt.imshow(laplacian_img)
   plt.show()
```

5.6　章节练习

1. 已知

$$f(x) = [5\ 5\ 3\ 7\ 12\ 7\ 4\ 5\ 6\ 1], x \in [0,9]$$
$$g(t) = [1\ 2\ 1], t \in [-1,1], n = 1$$

求 $R(x) = [?]$。

2. 已知

$$f(x) = \begin{bmatrix} 1 & 1 \\ 2 & 2 \end{bmatrix}$$
$$g(t) = \begin{bmatrix} -1 & -1 \\ 1 & 1 \end{bmatrix}$$

求 $R(x) = [?]$。

3. 已知 $f(x) = [1\ 7\ 1]$，采用 3×1 中值滤波，求 $R(x) = [?]$。

4. 从网上下载一幅图片，加入椒盐噪声，编程实现均值滤波、高斯滤波和中值滤波。

5. 从网上下载一幅图片，编程实现索贝尔滤波和拉普拉斯滤波。

6　频率域图像增强

6.1　基本概念

当一幅图像在空间域中增强效果不佳时，我们通常会进行频率域图像增强，即通过傅里叶变换等手段，得到图像的频率域信息，在频率域中对图像进行操作后，再把图像反变换回原始图像空间。

6.2　傅里叶变换

任何周期函数只要满足一定条件都可以用不同频率的正弦和余弦函数的加权和来表示，这被称为傅里叶级数。如图6.1所示，一系列的余弦信号叠加成了一个方波信号。

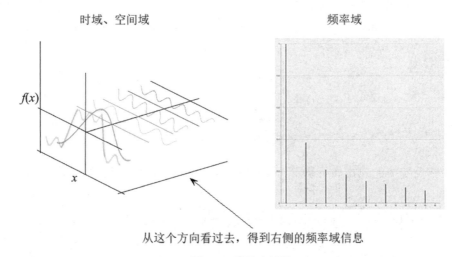

图 6.1　傅里叶级数

而数字图像通常是非周期函数，这种情况下就要用到傅里叶变换对图像进行频率分析。傅里叶变换的公式如下所示，其中 $f(x)$ 为原图像（信号），$F(u)$ 为通过傅里叶变换得到的频域信息，u 为频域变量。可以看出，原图像有多少个像素，傅里叶变换得到的频域信息就有多少个不同的频率。

$$F(u) = \frac{1}{N}\sum_{x=0}^{N-1} f(x)\left(\cos\frac{2\pi ux}{N} - i\cdot\sin\frac{2\pi ux}{N}\right), \quad u = 0,1,2,\cdots,N-1$$

傅里叶反变换的公式如下所示，通过反变换，时域信号可从频域信号中重构出来。

$$f(x) = \sum_{u=0}^{N-1} F(u)\left(\cos\frac{2\pi ux}{N} + i \cdot \sin\frac{2\pi ux}{N}\right), \quad x = 0,1,2,\cdots,N-1$$

在数字图像中，灰度图像是由二维的离散的点构成的。二维离散傅里叶变换（Two-Dimensional Discrete Fourier Transform）常用于图像处理中，对图像进行傅里叶变换后得到其频谱图。频谱图中频率高低表征图像中灰度变化的剧烈程度。图像中边缘和噪声往往是高频信号，而图像背景往往是低频信号。我们在频率域内可以很方便地对图像的高频或低频信息进行操作，完成图像去噪、图像增强、图像边缘提取等操作。

6.3 离散余弦变换

由于傅里叶变换牵涉到了复数的使用，理解起来较为困难，本书不做深入的讲解。本节中，我们对离散余弦变换（DCT）做一个较为详细的探讨。离散余弦变换由以下公式定义，其中 $f(x)$ 为原图像（信号），$C(u)$ 为通过离散余弦变换得到的频域信息，u 为频域变量。可以认为，离散余弦变换是傅里叶变换的一个简化版本，仅保留了傅里叶变换的实部信息。

$$C(u) = a(u)\sum_{x=0}^{N-1} f(x)\cos\frac{(2x+1)u\pi}{2N}, \quad u = 0,1,2,\cdots,N-1$$

$$a(u) = \begin{cases} \sqrt{\dfrac{1}{N}}, u = 0 \\ \sqrt{\dfrac{2}{N}}, u = 1,2,\cdots,N-1 \end{cases}$$

离散余弦反变换的公式如下所示，通过反变换，可将时域信号从频域信号中重构出来。

$$f(x) = \sum_{u=0}^{N-1} a(u)C(u)\cos\frac{(2x+1)u\pi}{2N}, \quad x = 0,1,2,\cdots,N-1$$

下面通过一个例子，讲解离散余弦变换的具体运算过程。

例 6.1　离散余弦变换示例。

设 $f(x) = 0.9\cos x + 0.8\cos 3x + 0.9\cos 9x$，　$x = 0,1,2,\cdots,10$，即 $f(x)$ 由三个不同频率的余弦信号叠加而成，则 $f(x)$ 可由图6.2表示。

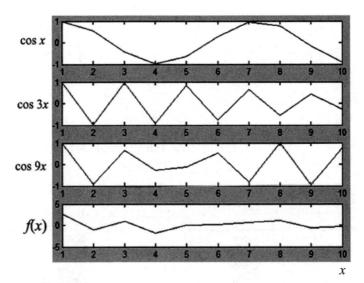

图 6.2　由三个不同频率的余弦信号叠加而成的信号

在图6.2中，信号非常不平滑，这是由采样率不足引起的。这里简单介绍一下采样定理。采样频率可定义为$f_s = 1/T_s = N_s/T$(样本/秒)，其中，T_s是采样间隔，T是信号周期，N_s是采样个数。采样率越高，则越能重构连续信号，为保证采样后的信号能完整保留原始信号的信息，采样频率必须大于信号中最高频率成分的2倍，这就是采样定理。$f(x)$中，最高频率成分是$\cos 9x$，其周期为$2\pi/9$秒，则采样间隔须小于$\pi/9$秒。实际操作中，采样频率须远大于信号中最高频率成分的2倍，才能得到完全不失真的信号，如图6.3所示。

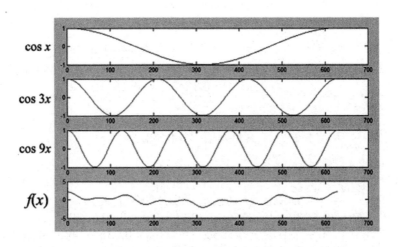

图 6.3　由三个不同频率的余弦信号叠加而成的信号（考虑采样率）

为简化分析，在下面的分析中我们仍然采用1秒的采样间隔，如图6.2所示。由于离散余弦变换对非周期信号也适用，所以较低的采样率并不影响我们的分析。

由$f(x) = 0.9\cos x + 0.8\cos 3x + 0.9\cos 9x$，　$x = 0,1,2,\cdots,10$

可得

$$f(x) = [2.6000 - 1.1257\ 0.9879 - 1.8828 - 0.0284$$
$$0.1203\ 0.6460\ 1.1276 - 0.6621 - 0.3547],$$
$$x = 0,1,2,\cdots,9(时间域)$$

代入离散余弦变换公式，经过离散余弦变换后，可得到如下频域信息

$$C(u) = [0.4516\quad 0.5524\quad 0.7710\quad 2.3363\quad 0.3175$$
$$0.2784\quad 0.8004\quad 0.6428\quad 2.3634\quad 1.1986]$$
$$u = 0,1,2,\cdots,9(频率域)$$

变换后得到的频域信息可由图6.4表示。

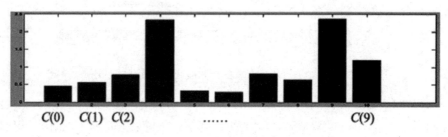

图 6.4　频域信息

运算过程如下：

$$u = 0$$

$$a(0) = \sqrt{\frac{1}{N}} = 0.2774$$

$$\cos\frac{(2x + 1) \cdot 0 \cdot \pi}{2N} = [1\ 1\ 1\ 1\ 1\ 1\ 1\ 1\ 1\ 1\ 1\ 1\ 1]$$

$$C(0) = 0.2774 \times (2.6000 - 1.1257 + 0.9879 - 1.8828 - 0.0284 + 0.1203 + 0.6460 + 1.1276$$
$$- 0.6621 - 0.3547) = 0.4516$$

$$u = 1$$

$$a(1) = \sqrt{\frac{2}{N}} = 0.3922$$

$$\cos\frac{(2x + 1) \cdot 1 \cdot \pi}{2N} = [0.9877\quad 0.8910\quad 0.7071\quad 0.4540\quad 0.1564 - 0.1564$$
$$- 0.4540 - 0.7071 - 0.8910 - 0.9877]$$

$$C(1) = 0.2774 \times (2.6000 \times 0.9877 - 1.1257 \times 0.8910 + 0.9879 \times 0.7071 - 1.8828$$
$$\times 0.4540 - 0.0284 \times 0.1564 - 0.1203 \times 0.1564 - 0.6460 \times 0.4540$$
$$- 1.1276 \times 0.7071 + 0.6621 \times 0.8910 + 0.3547 \times 0.9877) = 0.5524$$

$$\cdots\cdots$$

$$C(0:N-1) = [0.4516\quad 0.5524\quad 0.7710\quad 2.3363\quad 0.3175\quad 0.2784\quad 0.8004$$
$$0.6428\quad 2.3634\quad 1.1986]$$

由以上运算过程可知，离散余弦变换的过程可以理解为将每一个余弦信号（余弦乘子）与时域信号求点积之和（内积），从而得到不同频率的余弦信号与原始信号的相似性，如果

某个频率的余弦信号与时域信号的内积有很高的相似性，说明时域信号中包含有该频率的分量。如图6.5所示，$\cos\frac{(2x+1)\cdot3\cdot\pi}{2N}$ 与图6.3中的$\cos x$有较高的相似性，$\cos\frac{(2x+1)\cdot8\cdot\pi}{2N}$ 与图6.3中的$\cos3x$有较高的相似性，$\cos\frac{(2x+1)\cdot9\cdot\pi}{2N}$ 与图6.3中的$\cos9x$有较高的相似性，因此图6.4中的$C(3)$、$C(8)$、$C(9)$的幅值较大。因此，通过离散余弦变换，我们就可以找到时域信号中的主要频率分量。

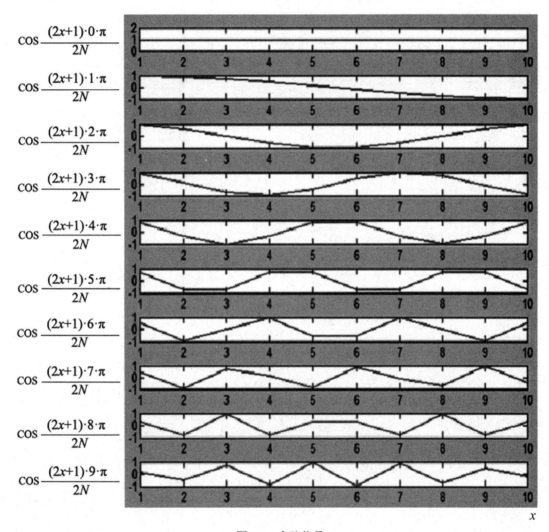

图6.5 余弦信号

离散余弦变换代码如下：

```
import numpy as np
import matplotlib.pyplot as plt

# (1)信号合成
```

```python
phi = 3.1415926
# 信号总长度
N = 10
# 时间域
x = np.array(range(N))
# 时域信号
fx = 0.9 * np.cos(x) + 0.8 * np.cos(3 * x) + 0.9 * np.cos(9 * x)
fig, ax = plt.subplots(4, 1, figsize=(8, 8), sharex=True)
ax[0].plot(x, np.cos(x))
ax[1].plot(x, np.cos(3 * x))
ax[2].plot(x, np.cos(9 * x))
ax[3].plot(x, fx)
plt.show()
# (2)正变换：频谱提取
# 变换后的余弦系数
DC = np.zeros(N)
# 每次循环的余弦乘子
cc = np.ones((N, N))
u = 0
au = np.sqrt(1 / N)
DC[u] = au * np.sum(fx * cc[0, :])
# u = 1:N-1
au = np.sqrt(2 / N)
# 1 ～ N-1
for u in range(1, N):
    # 余弦乘子
    cc[u, :] = np.cos((2 * x + 1) * u * phi / (2 * N))
    DC[u] = au * np.sum(fx * cc[u, :])
# 显示余弦乘子
fig, ax = plt.subplots(N, 1, figsize=(8, 10), sharex=True)
for u in range(N):
    ax[u].plot(cc[u, :])
plt.show()
# 显示频域信号
plt.bar(x, DC)
plt.show()
```

```
# (3)逆变换：信号重建
ifx = np.zeros(N)
u = np.array(range(N))
au = np.zeros(N)
au[0] = np.sqrt(1 / N)
au[1:] = np.sqrt(2 / N)
# T = 0, 无损逆变换, 1～N-1
for x in range(N):
    # 余弦系数
    icc = np.cos((2 * x + 1) * u * phi / (2 * N))
    ifx[x] = np.sum(au * icc * DC)

plt.subplot(3, 1, 1)
plt.plot(u, fx)
plt.subplot(3, 1, 2)
plt.plot(u, ifx)

T = 1
ifx1 = np.zeros(N)
ind = np.nonzero(DC < T)
DC[ind] = 0
# 1～N-1
for x in range(N):
    # 余弦系数
    icc = np.cos((2 * x + 1) * u * phi / (2 * N))
    ifx1[x] = np.sum(au * icc * DC)

plt.subplot(3, 1, 3)
plt.plot(u, ifx1)
plt.show()
```

　　根据离散余弦变换的特性，我们可以对图像进行压缩。将离散余弦反变换表示为

$$f'(x) = \sum_{u=0}^{N-1} a(u)C(u)\cos\frac{(2x+1)u\pi}{2N}, \quad x = 0,1,2,\cdots,N-1$$

则$f'(x)$是原始信号$f(x)$的重构。$f'(x)$是由N个余弦函数加权得来的，权重$C(u)$越大，对应的余弦函数越重要。去掉权重小的$C(u)$对应的余弦函数，可得到新的重构的$f''(x)$。$f''(x)$是

压缩后的$f(x)$的重构。所谓压缩，指的是去掉权重小的$C(u)$。合理压缩后，$f''(x)$仍能保持$f(x)$的特点。下面通过一个例子来说明离散余弦变换压缩的过程。

例6.2 对下面的原始信号进行压缩。

$$f(x) = [2.6000 \quad -1.1257 \ 0.9879 \quad -1.8828$$
$$-0.0284 \quad 0.1203 \quad 0.6460 \ 1.1276 \quad -0.6621 \quad -0.3547]$$
$$x = 0,1,2,\cdots,9(\text{时间域})$$

原始信号变换后得到

$$C(u) = [0.4516 \quad 0.5524 \quad 0.7710 \quad 2.3363 \quad 0.3175 \quad 0.2784 \quad 0.8004$$
$$0.6428 \quad 2.3634 \quad 1.1986]$$
$$u = 0,1,2,\cdots,9(\text{频率域})$$

设T=1，将小于T的$C(u)$值都置为零，则压缩后

$$C(u) = [0 \quad 0 \quad 0 \quad 2.3363 \quad 0 \quad 0 \quad 0 \quad 0 \quad 2.3634 \quad 1.1986]$$
$$u = 0,1,2,\cdots,9(\text{频率域})$$

对压缩后的$C(u)$进行反变换，则得到压缩后的信号，如图6.6所示。

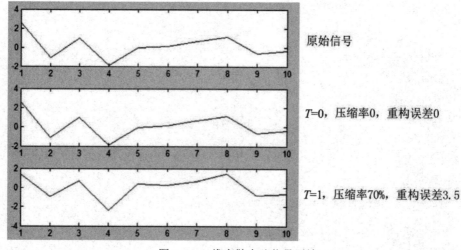

图6.6　一维离散余弦信号压缩

在图像压缩存储中，可以将原始图像进行二维离散余弦变换，然后存储含有信息的低频部分的数据。在图像还原过程中，通过这些携带信息的低频数据就可以还原原始大小的图像。离散余弦变换图像压缩的效果，如图6.7所示。

（a）Original　　　　　　　　　　　　　（b）DCT mod

（c）Original mod

图 6.7　离散余弦变换图像压缩

图6.7所示效果的实现代码如下：

```python
import cv2
import numpy as np
import matplotlib.pyplot as plt


img = cv2.imread('cat.jpg', cv2.IMREAD_GRAYSCALE)
# 进行 DCT 处理
img_dct = cv2.dct(np.array(img, np.float32))
# 过滤低频
img_dct[50:, 50:] = 0
# 进行 DCT 逆转
img_r = np.array(cv2.idct(img_dct), np.uint8)

# 显示图像
plt.figure('DCT demo', figsize=(5, 10))
plt.subplot(311) , plt.imshow(img , 'gray') , plt.title('Original') ,
```

```
plt.axis('off')
    plt.subplot(312)
    plt.imshow(np.array(img_dct, np.uint8), cmap='hot'), plt.title('DCT mod'),
plt.axis('off')
    plt.subplot(313)
    plt.imshow(img_r, 'gray'), plt.title('Original mod'), plt.axis('off')
    plt.tight_layout()
    plt.show()
```

6.4 小波变换

小波变换是多分辨率理论的信号处理基础，它能够提供一个随着频率改变的"时间-频率"窗口，通过伸缩平移运算对图像逐步进行多分辨率分析，从而可定位到图像的任意细节。

小波变换分为一维小波和二维小波。一维小波通常用于信号处理，二维小波通常用于图像处理。一维小波变换可用图6.8表示，其中，cA代表低频分量，cD代表高频细节，cA_0表示原始信号。第j级的低频分量通过与一个低通滤波器卷积并下采样，得到第$j+1$级的低频分量；第j级的低频分量通过与一个高通滤波器卷积并下采样，得到第$j+1$级的高频细节。循环以上过程，则实现了多分辨率分析，从而可定位到任意细节。一维小波变换也可用图6.8表示，图6.9展示了4层的小波变换。

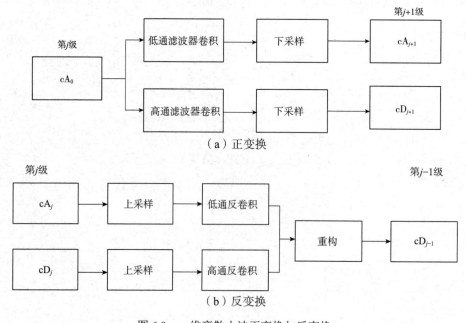

图 6.8　一维离散小波正变换与反变换

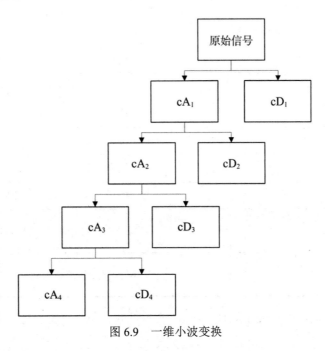

图 6.9　一维小波变换

二维小波变换如图6.10所示。与一维小波相似，通过对原始图像的低频分量的循环分解，得到任意分辨率下的图像细节。

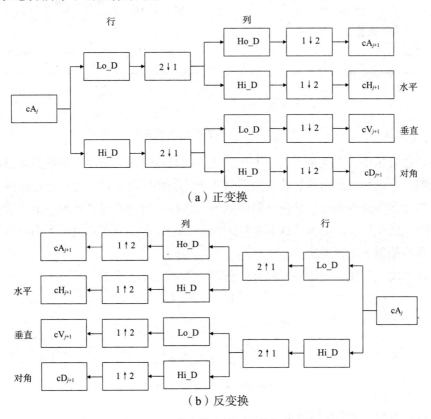

（a）正变换

（b）反变换

图 6.10　二维离散小波正变换与反变换

图6.10中的操作符号及说明如表6.1所示。

表 6.1　操作符号及说明

操作符号	说明
2↓1	按列下采样，保留偶数列
1↓2	按行下采样，保留偶数行
2↑1	按列上采样，奇数列插入
1↑2	按行上采样，奇数行插入
行 X	输入行与滤波器 X 进行卷积
列 X	输入列与滤波器 X 进行卷积

二维小波变换也可由图6.11表示，其中L表示低频分量，H表示高频细节。

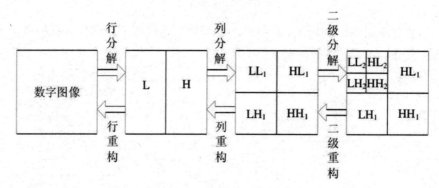

图 6.11　二维离散小波变换

下面通过哈尔小波变换来了解一下小波变换的具体过程。哈尔小波变换是最简单的一种小波变换，也是最早提出的小波变换。哈尔小波变换的运算规则为：①行分解，即相邻列的元素相加取均值得到低频分量，相邻列的元素相减取均值得到高频细节；②列分解，即相邻行的元素相加取均值得到低频分量，相邻行的元素相减取均值得到高频细节。下面通过一个具体的例子进行说明。

例6.3　对数字图像，如图6.12所示，进行一级哈尔小波变换。

$$\begin{bmatrix} 1 & 2 & 3 & 4 \\ 4 & 5 & 3 & 8 \\ 6 & 7 & 1 & 2 \\ 5 & 9 & 6 & 3 \end{bmatrix}$$

图 6.12　例 6.3 数字图像

具体计算过程，如图6.13所示。

$$\begin{bmatrix} 1 & 2 & 3 & 4 \\ 4 & 5 & 3 & 8 \\ 6 & 7 & 1 & 2 \\ 5 & 9 & 6 & 3 \end{bmatrix} \Rightarrow 行分解$$

$$\begin{bmatrix} (1+2)/2 & (3+4)/2 & (1-2)/2 & (3-4)/2 \\ (4+5)/2 & (3+8)/2 & (4-5)/2 & (3-8)/2 \\ (6+7)/2 & (1+2)/2 & (6-7)/2 & (1-2)/2 \\ (5+9)/2 & (6+3)/2 & (5-9)/2 & (6-3)/2 \end{bmatrix} =$$

$$\mathrm{L} \leftarrow \begin{bmatrix} 1.5 & 3.5 \\ 4.5 & 5.5 \\ 6.5 & 1.5 \\ 7 & 4.5 \end{bmatrix} \begin{bmatrix} -0.5 & -0.5 \\ -0.5 & -2.5 \\ -0.5 & -0.5 \\ -2 & 1.5 \end{bmatrix} \rightarrow \mathrm{H}$$

$\Rightarrow 列分解$

$$\begin{bmatrix} (1.5+4.5)/2 & (3.5+5.5)/2 & (-0.5-0.5)/2 & (-0.5-2.5)/2 \\ (6.5+7)/2 & (1.5+4.5)/2 & (-0.5-2)/2 & (-0.5+1.5)/2 \\ (1.5-4.5)/2 & (3.5-5.5)/2 & (-0.5+0.5)/2 & (-0.5+2.5)/2 \\ (6.5-7)/2 & (1.5-4.5)/2 & (-0.5+2)/2 & (-0.5-1.5)/2 \end{bmatrix} =$$

$\mathrm{LL_1} \leftarrow \begin{bmatrix} 3 & 4.5 \\ 6.75 & 3 \end{bmatrix}$ $\begin{bmatrix} -0.5 & -1.5 \\ -1.25 & 0.5 \end{bmatrix} \rightarrow \mathrm{HL_1}$

$\mathrm{LH_1} \leftarrow \begin{bmatrix} -1.5 & -1 \\ -0.25 & -1.5 \end{bmatrix}$ $\begin{bmatrix} 0 & 1 \\ 0.75 & -1 \end{bmatrix} \rightarrow \mathrm{HH_1}$

图6.13　一级哈尔小波变换计算过程

小波变换的效果，如图6.14所示。

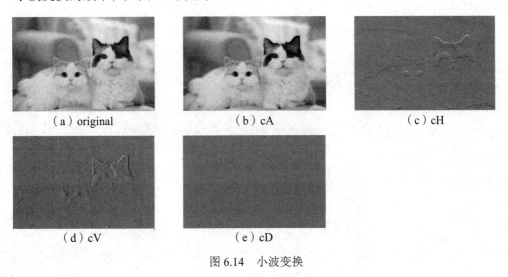

（a）original　　　　　　　（b）cA　　　　　　　（c）cH

（d）cV　　　　　　　（e）cD

图6.14　小波变换

图6.14所示效果的实现代码如下。

```
import cv2
```

```
import matplotlib.pyplot as plt
import numpy as np
from pywt import dwt2
# 读取灰度图
img = cv2.imread("cat.jpg", cv2.IMREAD_GRAYSCALE)
# 二维小波变换
# 分别为低频分量，水平高频、垂直高频、对角线高频
coeffs = dwt2(img,'haar')
cA, (cH, cV, cD) = coeffs
# 显示图像
plt.figure(figsize=(20, 10))
plt.subplot(231) , plt.axis('off') , plt.title("original",fontsize=20) ,
plt.imshow(img, 'gray')
plt.subplot(232) , plt.axis('off') , plt.title("cA",fontsize=20) ,
plt.imshow(cA.astype(np.uint16), 'gray')
plt.subplot(233) , plt.axis('off') , plt.title("cH",fontsize=20) ,
plt.imshow(cH, 'gray')
plt.subplot(234) , plt.axis('off') , plt.title("cV",fontsize=20) ,
plt.imshow(cV, 'gray')
plt.subplot(235) , plt.axis('off') , plt.title("cD",fontsize=20) ,
plt.imshow(cD, 'gray')
plt.show()
```

在图像处理中，小波变换可用于图像压缩及去噪。提取出小波变换中的低频分量，可以得到压缩图。图像压缩的效果，如图6.15所示。

（a）原图

（b）1层压缩

（c）2层压缩

（d）3层压缩

图 6.15 小波变换图像压缩

图6.15所示效果的实现代码如下：

```python
import cv2
import numpy as np
import matplotlib.pyplot as plt
from pywt import wavedec2


# 读取灰度图
img = cv2.imread('cat.jpg', cv2.IMREAD_GRAYSCALE)
# 二维小波变换
coeffs_1 = wavedec2(img, 'haar', level=1)
coeffs_2 = wavedec2(img, 'haar', level=2)
coeffs_3 = wavedec2(img, 'haar', level=3)
# 低频分量 水平高频 垂直高频 对角线高频
cA1, (cH1, cV1, cD1) = coeffs_1
cA2, (cH2_2, cV2_2, cD2_2), (cH2_1, cV2_1, cD2_1) = coeffs_2
cA3,(cH3_3,cV3_3,cD3_3),(cH3_2,cV3_2,cD3_2),(cH3_1,cV3_1,cD3_1) = coeffs_3
# 显示图像
plt.rcParams['font.sans-serif'] = ['SimHei']
plt.figure(figsize=(10, 7))
plt.subplot(221),plt.axis('off'),plt.title('原图'),plt.imshow(img,'gray')
plt.subplot(222) , plt.axis('off') , plt.title('1 层 压 缩 ') ,
plt.imshow(cA1.astype(np.uint16), 'gray')
plt.subplot(223) , plt.axis('off') , plt.title('2 层 压 缩 ') ,
plt.imshow(cA2.astype(np.uint16), 'gray')
plt.subplot(224) , plt.axis('off') , plt.title('3 层 压 缩 ') ,
plt.imshow(cA3.astype(np.uint16), 'gray')
plt.show()
```

小波变换也可用于图像的边缘提取，提取的过程如下：

（1）将数字图像利用小波变换分解为N层。

（2）初始化：$n=N$。

（3）将第n层的高频细节HL、LH、HH相加并上采样，得到第n层的高频细节。

（4）将第$n-1$层的高频细节HL、LH、HH相加并与第n层的高频细节相加，然后上采样，得到第$n-1$层的高频细节。

（5）重复（3）、（4）步骤直至$n=1$，则得到数字图像的边缘信息。

小波变换的边缘提取效果，如图6.16所示。

（a）original　　　　　　　　　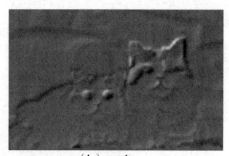（b）result

图 6.16　小波变换边缘提取

图6.16所示效果的实现代码如下：

```python
import cv2
import matplotlib.pyplot as plt
import numpy as np
from pywt import wavedec2

# 读取灰度图
img = cv2.imread('cat.jpg', cv2.IMREAD_GRAYSCALE)
# 二维小波变换次数
level = 3
coeffs = wavedec2(img, 'haar', level=level)
# coeffs 下标为 1 是第 1 次变换的高频，以第一次变换的高频作为初始矩阵
result = coeffs[1][0] + coeffs[1][1] + coeffs[1][2]
# 从第 level-1 次开始遍历
for i in range(2, level+1):
    now_shape = coeffs[i][0].shape
    # 上采样
    result = cv2.resize(result, (now_shape[1], now_shape[0]))
    # 遍历三个高频
    for c in coeffs[i]:
        result += c
# 最后一次上采样，恢复到原图尺寸
result = cv2.resize(result, (img.shape[1], img.shape[0]))
# 归一化
result = ((result - np.min(result)) / (np.max(result) - np.min(result)) *
255).astype(np.uint8)
# 显示图像
plt.figure(figsize=(10, 5))
```

```
    plt.subplot(121), plt.axis('off'), plt.title('original'), plt.imshow(img,
'gray')
    plt.subplot(122),plt.axis('off'),plt.title('result'),plt.imshow(result,
'gray')
    plt.show()
```

6.5　章节练习

1. 编程生成不同的信号波形，实现一维DCT变换，并调整采样率，观察不同采样率下的DCT变换和反变换效果。

2. 编程生成不同的信号波形，实现一维DCT压缩，并调整压缩率，观察不同压缩率下的压缩效果。

3. 从网上下载一幅图片，实现DCT压缩，并调整压缩率，观察不同压缩率下的压缩效果。

4. 计算图6.17所示图像的一级哈尔变换。

$$\begin{bmatrix} 4 & 3 & 2 & 1 \\ 5 & 7 & 9 & 1 \\ 3 & 3 & 4 & 6 \\ 5 & 2 & 3 & 1 \end{bmatrix}$$

图 6.17　题 4 图

5. 从网上下载一幅图片，编程实现小波压缩和小波边缘提取。

7 图像特征提取

7.1 基本概念

图像特征提取指的是从图像中提取有用的数据或信息，得到图像的"非图像"的表示或描述，如数值、向量等。提取出来的这些"非图像"的表示或描述就是特征。有了这些数值或向量形式的特征，我们就可以实现图像的匹配，使得计算机具备图像识别的功能。本章将介绍图像特征提取的一些常用方法。

7.2 主元分析

7.2.1 主元分析与人脸识别

两幅数字图像进行匹配时，通常需要先将其转换成向量的形式。向量可以理解为一个一维数组，该数组可由原始图像简单拼接构成，数组中元素的个数一般称为向量的维度。例如，一个100像素×100像素的图像可转换为一个1万维的向量。两个向量如果纬度过高（1万，100万），则匹配误差会增高、匹配速度会降低，因此需要对向量进行降维，就是说删除一些对识别无用的维度，仅保留有效的特征，图7.1展示了在主元分析中（Principle Component Analysis，PCA）4个2维向量从2维降到1维的情况。

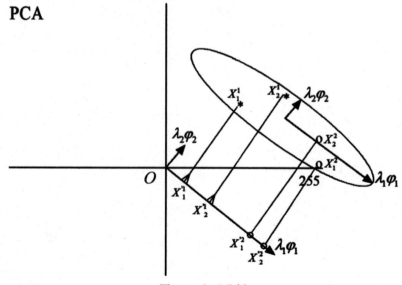

图 7.1 主元分析

下面我们讲解一下PCA降维的过程。

第1步，对识别目标进行向量表达。下面有4个2维向量，可以理解为4幅两个像素的图像，如图7.2所示。a_1、a_2、b_1、b_2为4幅两个像素的图像。在向量空间中，可以分成两类。我们可以认为，a是第1类，b是第2类，则这4幅图像可以表示为4个向量。

$$X_1^1 = [120 \ 100]^T \qquad X_2^1 = [200 \ 110]^T$$

$$X_1^2 = [255 \ 0]^T \qquad X_2^2 = [255 \ 50]^T$$

X_j^i表示第i类的第j个样本。

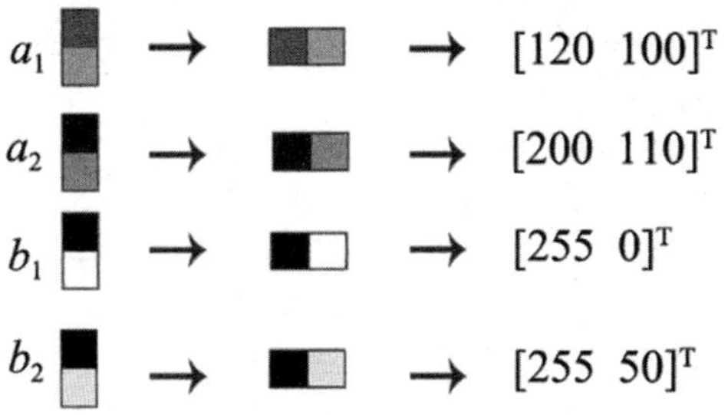

图 7.2 图像与向量

第2步，计算数据中心。

$$m_1 = E(X^{c_1}) = \sum_{j=1}^{N_1} p_j^{c_1} X_j^1 = \sum_{j=1}^{N_1} \frac{1}{N_1} X_j^1$$

$$m_2 = E(X^{c_2}) = \sum_{j=1}^{N_2} p_j^{c_2} X_j^2 = \sum_{j=1}^{N_2} \frac{1}{N_2} X_j^2$$

$$m = E(m_1, m_2) = \sum_{i=1}^{M} p_j^i m_i = \sum_{i=1}^{M} \frac{1}{M} m_i$$

其中，m_1代表第1类的中心，m_2代表第2类的中心，m代表数据整体的中心，E表示数学期望，X^{c_1}代表第1类的所有向量，X^{c_2}代表第2类的所有向量，$p_j^{c_1}$表示第j个样本在第1类中出现的概率，$p_j^{c_2}$表示第j个样本在第2类中出现的概率，N_1表示第1类的总样本数（本例中为2），N_2表示第2类的总样本数（本例中为2），M表示总类别数（本例中为2）。将第1步中得到的4个向量代入上述公式，可以得到如下结果。

$$m_1 = p_1^1 X_1^1 + p_2^1 X_2^1 = \frac{1}{2}[120 \ 100]^T + \frac{1}{2}[200 \ 110]^T = [160 \ 105]^T$$

$$m_2 = p_1^2 X_1^2 + p_2^2 X_2^2 = \frac{1}{2}[255 \ 0]^T + \frac{1}{2}[255 \ 50]^T = [255 \ 25]^T$$

$$m = p^1 m_1 + p^2 m_2 = \frac{1}{2}[160 \ 105]^T + \frac{1}{2}[255 \ 25]^T = [207.5 \ 65]^T$$

第3步，计算总体散度矩阵。

$$S_t = E[(X - m)(X - m)^T]$$

$$= \frac{1}{N_1 + N_{2-1}}\left[\sum_{i=1}^{N_1}(X_i^1 - m)(X_i^1 - m)^{\mathrm{T}} + \sum_{i=1}^{N_2}(X_i^2 - m)(X_i^2 - m)^{\mathrm{T}}\right]$$

其中，S_t代表总体散度矩阵，T表示转秩。

将第2步得到的计算结果代入上面的公式，得到总体散度矩阵。

$$S_t = p^1[p_1^1(X_1^1 - m)(X_1^1 - m)^{\mathrm{T}} + p_2^1(X_2^1 - m)(X_2^1 - m)^{\mathrm{T}}]$$
$$+ p^2[p_1^2(X_1^2 - m)(X_1^2 - m)^{\mathrm{T}} + p_2^2(X_2^2 - m)(X_2^2 - m)^{\mathrm{T}}]$$
$$= \frac{1}{4-1}\left(\begin{bmatrix}-87.5\\35\end{bmatrix}[-87.5\ 35] + \begin{bmatrix}-7.5\\45\end{bmatrix}[-7.5\quad 45] + \begin{bmatrix}47.5\\-65\end{bmatrix}[47.5\ -65]\right.$$
$$\left.+ \begin{bmatrix}47.5\\-15\end{bmatrix}[47.5\ -15]\right)$$
$$= \begin{bmatrix}4075 & -2400\\-2400 & 2566.7\end{bmatrix}$$

第4步，计算特征值与特征向量。

$$\lambda\varphi = S_i\varphi \Rightarrow |\lambda I - S_t| = 0, I = \begin{bmatrix}1 & 0\\0 & 1\end{bmatrix}$$

其中，λ表示特征值，φ表示特征向量。

将第3步的运算结果代入上述公式，可以得到特征值与特征向量。

$$\begin{bmatrix}\lambda & 0\\0 & \lambda\end{bmatrix} - \begin{bmatrix}4075 & -2400\\-2400 & 2566.7\end{bmatrix} = 0 \Rightarrow \begin{vmatrix}\lambda - 4075 & 2400\\2400 & \lambda - 2566.7\end{vmatrix} = 0$$

$$\Rightarrow (\lambda - 4075)(\lambda - 2566.7) - 2400 \times 2400 = 0$$
$$\Rightarrow \lambda_1 = 5836.5, \lambda_2 = 805.1$$
$$\lambda_i\varphi_i = S_t\varphi_i$$
$$\Rightarrow 5836.5\begin{bmatrix}\varphi_{11}\\\varphi_{21}\end{bmatrix} = \begin{bmatrix}4075 & -2400\\-2400 & 2566.7\end{bmatrix}\begin{bmatrix}\varphi_{11}\\\varphi_{21}\end{bmatrix} \quad 并且 \quad 805.1\begin{bmatrix}\varphi_{12}\\\varphi_{22}\end{bmatrix} = \begin{bmatrix}4075 & -2400\\-2400 & 2566.7\end{bmatrix}\begin{bmatrix}\varphi_{12}\\\varphi_{22}\end{bmatrix}$$
$$\Rightarrow 5836.5\varphi_{11} = 4075\varphi_{11} - 2400\varphi_{21}$$

假设$\varphi_{11}=1$，则$\varphi_{21}=-0.734$，将特征向量的模归一化到1

$$\begin{cases}\varphi_{21}=-0.734\varphi_{11}\\\sqrt{\varphi_{11}^2+\varphi_{21}^2}=1\end{cases} \Rightarrow \begin{cases}\varphi_{11}=0.8062\\\varphi_{21}=-0.5917\end{cases} \Rightarrow \varphi_1 = \begin{bmatrix}0.8062\\-0.5917\end{bmatrix}$$

通过相似的运算步骤可得

$$\varphi_2 = \begin{bmatrix}0.5917\\0.8062\end{bmatrix}$$

第5步，特征向量重要性分析。

$$\lambda_1 = 5836.5, \quad \lambda_2 = 805.1$$

$$r_1 = \frac{\lambda_1}{\lambda_1 + \lambda_2} \times 100\% = 87.86\%$$

$$r_2 = \frac{\lambda_1 + \lambda_2}{\lambda_1 + \lambda_2} \times 100\% = 100\%$$

可以看到，第一个特征向量包含了数据87.86%的信息。

第6步，投影。

$$\boldsymbol{\varphi}_1 = \begin{bmatrix} 0.8062 \\ -0.5917 \end{bmatrix} \qquad \boldsymbol{\varphi}_2 = \begin{bmatrix} 0.5917 \\ 0.8062 \end{bmatrix}$$

向第一个特征向量投影，由X变成了一维向量，如图7.1所示。

$$W = \boldsymbol{\varphi}_1$$

$$\boldsymbol{X}' = \boldsymbol{X}^t \cdot \boldsymbol{W}$$

$$\boldsymbol{X}_1^1 = \begin{bmatrix} 120 & 100 \end{bmatrix}^T \qquad \boldsymbol{X}_2^1 = \begin{bmatrix} 200 & 110 \end{bmatrix}^T$$

$$\boldsymbol{X}_1^2 = \begin{bmatrix} 255 & 0 \end{bmatrix}^T \qquad \boldsymbol{X}_2^1 = \begin{bmatrix} 255 & 50 \end{bmatrix}^T$$

$$\boldsymbol{X}_1'^1 = \begin{bmatrix} 120 & 100 \end{bmatrix} \begin{bmatrix} 0.8062 \\ -0.5917 \end{bmatrix} = 37.57$$

$$\boldsymbol{X}_2'^1 = \begin{bmatrix} 200 & 110 \end{bmatrix} \begin{bmatrix} 0.8062 \\ -0.5917 \end{bmatrix} = 96.15$$

$$\boldsymbol{X}_1'^2 = \begin{bmatrix} 255 & 0 \end{bmatrix} \begin{bmatrix} 0.8062 \\ -0.5917 \end{bmatrix} = 205.58$$

$$\boldsymbol{X}_2'^2 = \begin{bmatrix} 255 & 50 \end{bmatrix} \begin{bmatrix} 0.8062 \\ -0.5917 \end{bmatrix} = 175.99$$

PCA可用于人脸识别，步骤如下：

（1）读取人脸图像，并转换为向量。

（2）使用人脸图像对PCA模型进行训练，得到特征向量（学习）。

● 计算特征值与特征向量。

● 分析特征值。

● 保存特征向量。

（3）读取特征向量，进行投影，实现图像降维（提取特征）。

（4）计算两个投影后的向量间的距离，当距离足够小时，可以判定为同一个人的两幅人脸图像。

PCA人脸识别的代码如下。

```
import matplotlib.pyplot as plt
from sklearn.datasets import fetch_lfw_people
from sklearn.decomposition import PCA
from sklearn.metrics import classification_report
from sklearn.model_selection import GridSearchCV
from sklearn.model_selection import train_test_split
from sklearn.svm import SVC


# 导入sklearn提供的人脸数据集(会自动下载)
```

```
lfw_people = fetch_lfw_people(min_faces_per_person=70, resize=0.4)
# 获得图像数组的形状(用于绘图)
n_samples, h, w = lfw_people.images.shape
# 人脸图片数据
X = lfw_people.data
# 人脸图片对应的人物 id
y = lfw_people.target
# 划分训练集和测试集,测试集占 0.25
X_train, X_test, y_train, y_test = train_test_split(X, y, test_size=0.25,
random_state=42)


#  在人脸数据集上进行 PCA 训练
n_components = 150
pca = PCA(n_components=n_components, svd_solver='randomized',
          whiten=True).fit(X_train)


# 使用训练完成的 PCA 模型对人脸特征进行提取,即降维
X_train_pca = pca.transform(X_train)
X_test_pca = pca.transform(X_test)


# 使用 PCA 处理后的数据来进行 SVM 分类模型训练
# SVM 是支持向量机,而 SVC(Support Vector Classification)是用于分类的支持向量机。
# kernel: SVM 的核函数,常用的有 linear、poly、rbf、sigmoid、precomputed 等。
# SVM 核函数如何选择? 一般情况下,当特征维度较高,样本量较少时,不宜使用核函数或者使用
linear 核函数;当特征维度较低,样本量规模大的时候,可以使用高斯核函数,使用前需要对特征进行
缩放。
# 当然这不是绝对的,很多时候往往每种核函数都要进行尝试,找到最适合目标数据集的核函数。
# 这里选用的是 rbf(Radial Basis Function),中文名称为径向基核函数,也叫高斯核函数,
rbf 和 poly 都可以将样本映射到更高维空间,其实际上反映了特征空间中两个点之间的相似性大小,
但 rbf 所需的参数较少,性能通常比 poly 好。
# class_weight: 每个类所占据的权重,不同的类设置不同的惩罚参数 C,设为 balanced 主要
是为了处理分类样本不平衡的问题。
svc = SVC(kernel='rbf', class_weight='balanced')


# GridSearchCV 是将网格搜索(GridSearch)和交叉验证(CV)封装在一起的类。
# 网格搜索,搜索的是参数,即在指定的参数范围内,按步长依次调整参数,利用调整的参数训练
学习器,从所有的参数中找到在验证集上精度最高的参数,这其实是一个训练和比较的过程。
```

k 折交叉验证：将所有数据集分成 k 份，每次不重复地取其中一份做测试集，用其余 k-1 份做训练集训练模型，之后计算该模型在测试集上的得分,将 k 次的得分取平均得到最后的得分。

GridSearchCV：可以保证在指定的参数范围内找到精度最高的参数，即自动调参。

param_grid 是需要最优化的参数的取值，这里主要就是 SVM 的 C(惩罚系数) 和 gamma(核函数的系数)

```
param_grid = {'C': [1e3, 5e3, 1e4, 5e4, 1e5],
              'gamma': [0.0001, 0.0005, 0.001, 0.005, 0.01, 0.1], }

clf = GridSearchCV(svc, param_grid)
clf = clf.fit(X_train_pca, y_train)


# 使用训练完成的 SVM 分类模型对测试集进行预测
y_pred = clf.predict(X_test_pca)
# 输出预测结果
target_names = lfw_people.target_names
print(classification_report(y_test, y_pred, target_names=target_names))


# 绘制预测结果
def plot_gallery(images, titles, h, w, n_row=3, n_col=4):
    plt.figure(figsize=(1.8 * n_col, 3 * n_row))
    plt.subplots_adjust(bottom=0, left=.01, right=.99, top=.90, hspace=.35)
    for i in range(n_row * n_col):
        plt.subplot(n_row, n_col, i + 1)
        plt.imshow(images[i].reshape((h, w)), cmap=plt.cm.gray)
        plt.title(titles[i], size=12)
        plt.xticks(())
        plt.yticks(())


def title(y_pred, y_test, target_names, i):
    pred_name = target_names[y_pred[i]].rsplit(' ', 1)[-1]
    true_name = target_names[y_test[i]].rsplit(' ', 1)[-1]
    return 'predicted: %s\ntrue:      %s' % (pred_name, true_name)


prediction_titles = [title(y_pred, y_test, target_names, i)
```

```
                    for i in range(y_pred.shape[0])]
plot_gallery(X_test, prediction_titles, h, w)
plt.show()


# 打印结果
# 最左边的列是各分类标签
# accuracy: 准确率
# precision: 精度
# recall: 召回率(敏感度)
# f1-score: F1 分数，精度和敏感度的求和
# support: 每个类别真实值出现的次数
# macro  avg : 表 示 宏 平 均 ， 即 所 有 类 别 对 应 指 标 的 平 均 值 ，
(precision_1+precision_2+...+precision_n)/class_num
# weighted avg: 表示带权重平均，即所有类别样本占总样本的比重与对应指标的乘积的累加
和,(precision_1*support_1+precision_2*support_2+...+precision_n*support_n)/s
um(support)
```

上面代码的输出结果，如图7.3所示。

	precision	recall	f1-score	support
Ariel Sharon	0.80	0.62	0.70	13
Colin Powell	0.81	0.87	0.84	60
Donald Rumsfeld	0.85	0.63	0.72	27
George W Bush	0.84	0.98	0.91	146
Gerhard Schroeder	0.95	0.80	0.87	25
Hugo Chavez	0.89	0.53	0.67	15
Tony Blair	0.96	0.75	0.84	36
accuracy			0.85	322
macro avg	0.87	0.74	0.79	322
weighted avg	0.86	0.85	0.85	322

图 7.3　输出结果

7.2.2　分类性能指标

上述的人脸识别程序输出结果中包含了一系列分类的性能指标。表7.1描述了一个共有10张图像的人脸库和采用某模型分类的结果。下面以表7.1为例，对这些指标做一个简单的介绍。

表 7.1 一个共有 10 张图像的人脸库和采用某模型分类的结果

真实值（true）	张三	张三	张三	李四	李四	李四	王二	王二	王二	王二
预测值（predcited）	张三	张三	李四	李四	李四	王二	王二	王二	王二	张三

（1）混淆矩阵

首先介绍几个概念：真阳（True Positive，TP）、假阴（False Negative）、假阳（False Positive）、真阴（True Negtive）。

以判断一张图片是不是张三的二分类为例（张三为正类，其他类为鱼类）：

真阳（TP）：真实值为张三，预测值也是张三；

假阴（FN）：真实值为张三，预测值为非张三；

假阳（FP）：真实值为非张三，预测值为张三；

真阴（TN）：真实值为非张三，预测值为非张三。

可以为每个类列出一个混淆矩阵，如下所示。

真实值	张三	预测值	
		张三（positive）	非张三（negtive）
	张三（positive）	2（TP）	1（FN）
	非张三（negtive）	1（FP）	6（TN）

真实值	李四	预测值	
		李四（positive）	非李四（negtive）
	李四（positive）	2（TP）	1（FN）
	非李四（negtive）	1（FP）	6（TN）

真实值	王二	预测值	
		王二（positive）	非王二（negtive）
	王二（positive）	3（TP）	1（FN）
	非王二（negtive）	1（FP）	5（TN）

（2）准确率（Accuracy）

准确率反映的是识别的整体效果，包括二分类准确率和多分类准确率。下面通过具体例子来说明。

判断一张图像是不是张三的二分类，其准确率计算公式为

$$Accuracy = \frac{TP（张三）}{数据库中真实值为张三的图像总数}$$

$$= \frac{2}{3}$$

判断一张图像是张三、李四还是王二的多分类，其准确率计算公式为

$$\text{Accuracy} = \frac{\text{TP}(张三)+\text{TP}(李四)+\text{TP}(王二)}{数据库中真实值为张三的图像总数+真实值为李四的图像总数}$$
$$+真实值为王二的图像总数$$

$$= \frac{2+2+3}{数据库中图像总数}$$

$$= \frac{7}{10}$$

（3）精确度（Precision）

精确度反映的是检出的目标是不是准确的，包括二分类精确度和多分类精确度。下面通过具体例子来说明。

判断一张图像是不是张三的二分类，其精确度计算公式为

$$\text{Precision} = \frac{张三预测正确的个数}{预测值中张三的个数}$$

$$= \frac{\text{TP}(张三)}{\text{TP}(张三) + \text{FP}(张三)}$$

$$= \frac{2}{2+1} = \frac{2}{3}$$

判断一张图像是张三、李四，还是王二的多分类，其精确度计算如下。

先计算宏平均：

$$\text{Macro Precision} = \frac{\text{Precision}(张三)+\text{Precision}(李四)+\text{Precision}(王二)}{数据库中总类数}$$

$$= \frac{\dfrac{2}{3}+\dfrac{2}{3}+\dfrac{3}{4}}{3}$$

$$= \frac{25}{36}$$

再计算加权平均：

$$W(张三)=真实值为张三的图像在数据库中所占比重=\frac{3}{10}$$

$$W(李四)=真实值为李四的图像在数据库中所占比重=\frac{3}{10}$$

$$W(王二)=真实值为王二的图像在数据库中所占比重=\frac{4}{10}$$

$$\text{Weighted Precision} = \text{Precision}(张三) \times W(张三) + \text{Precision}(李四)W(李四)$$
$$+ \text{Precision}(王二)W(王二)$$
$$= \frac{2}{3} \times \frac{3}{10} + \frac{2}{3} \times \frac{3}{10} + \frac{3}{4} \times \frac{4}{10}$$
$$= \frac{7}{10}$$

（4）召回率

召回率反映的是检出目标的效率，包括二分类召回率和多分类召回率。下面通过具体例子来说明。

判断一张图像是不是张三的二分类，其召回率计算公式为

$$\text{Recall} = \frac{张三预测正确的个数}{真实值中张三的个数}$$
$$= \frac{\text{TP}(张三)}{\text{TP}(张三) + \text{FN}(张三)}$$
$$= \frac{2}{2+1} = \frac{2}{3}$$

判断一张图像是张三、李四还是王二的多分类，其召回率计算如下。

先计算宏平均：

$$\text{Macro Recall} = \frac{\text{Recall}(张三) + \text{Recall}(李四) + \text{Recall}(王二)}{数据库中总类数}$$
$$= \frac{\frac{2}{3} + \frac{2}{3} + \frac{3}{4}}{3}$$
$$= \frac{25}{36}$$

再计算加权平均：

$W(张三)=$真实值为张三的图像在数据库中所占比重$=\frac{3}{10}$

$W(李四)=$真实值为李四的图像在数据库中所占比重$=\frac{3}{10}$

$W(王二)=$真实值为王二的图像在数据库中所占比重$=\frac{4}{10}$

$$\text{Weighted Recall} = \text{Recall}(张三) \times W(张三) + \text{Recall}(李四)W(李四)$$
$$+ \text{Recall}(王二)W(王二)$$
$$= \frac{2}{3} \times \frac{3}{10} + \frac{2}{3} \times \frac{3}{10} + \frac{3}{4} \times \frac{4}{10}$$
$$= \frac{7}{10}$$

（5）F1分数

精确度和召回率是一对矛盾体，无法同时升高。如图7.4所示，我们通过一个简单的例子来说明。

| 张三 | 张三 | 张三 | 李四 | 张三 | 李四 | 张三 | 李四 | 李四 | 李四 |

图 7.4 F1 分数示例

图7.4描述了一个简单的图像库，库中共有10张图像样本，分成两个类。张三和李四在特征空间中的分布，如图7.4所示。张三倾向于分布在特征空间的左侧，李四倾向于分布在特征空间的右侧（若张三和李四都倾向于分布在同一侧，则特征空间不可分）。我们的目标是从特征空间中找出张三。可以在特征空间中画一条分界线，线的左边是张三，线的右边是非张三。

假如分界线如图7.5所示，则：

$$\text{Precision} = \frac{\text{张三预测正确的个数}}{\text{预测值中张三的个数}}$$

$$= \frac{\text{TP(张三)}}{\text{TP}\left(\text{张三}\right) + \text{FP(张三)}} = \frac{3}{3+0} = 1$$

$$\text{Recall} = \frac{\text{张三预测正确的个数}}{\text{真实值中张三的个数}}$$

$$= \frac{\text{TP(张三)}}{\text{TP}\left(\text{张三}\right) + \text{FN(张三)}} = \frac{3}{3+2} = \frac{3}{5}$$

| 张三 | 张三 | 张三 | 李四 | 张三 | 李四 | 张三 | 李四 | 李四 | 李四 |

图 7.5 分界线（1）

假如分界线如图7.6所示，则：

$$\text{Precision} = \frac{\text{张三预测正确的个数}}{\text{预测值中张三的个数}}$$

$$= \frac{\text{TP(张三)}}{\text{TP}\left(\text{张三}\right) + \text{FP(张三)}} = \frac{5}{5+2} = \frac{5}{7}$$

| 张三 | 张三 | 张三 | 李四 | 张三 | 李四 | 张三 | 李四 | 李四 | 李四 |

图 7.6 分界线（2）

$$\text{Recall} = \frac{\text{张三预测正确的个数}}{\text{真实值中张三的个数}}$$

$$= \frac{\text{TP(张三)}}{\text{TP}\left(\text{张三}\right) + \text{FN(张三)}} = \frac{5}{5+0} = 1$$

如上所示，召回率试图找出更多的张三（从检测库中找出尽可能多的目标进行召回），而精确度则要保证找出的张三都是真的张三。当精确度上升时召回率会下降，反之亦然。二者是一对矛盾体。于是F1分数被提出，用于调节精确度和召回率。F1分数定义如下

$$\text{F1} = 2 \times \frac{\text{Precision} \times \text{Recall}}{\text{Precision} + \text{Recall}}$$

我们可以通过调节精确度和召回率来得到一个满意的F1分数。

7.2.3　支持向量机

上述的人脸识别程序中使用了SVM（Support Vector Machine，支持向量机）分类器，下面对SVM做一个简单的介绍。

分类器用于对目标进行分类，例如，在上述人脸识别程序中，SVM分类器用于对人脸图像进行分类，判断一幅图像是张三还是李四。SVM是一个功能非常强大的分类器，即使不对原始图像进行特征提取，直接对原始图像进行分类也能取得不错的效果。不过通常还是先对原始图像进行特征提取，将提取出的特征向量放入SVM进行分类，这样在进一步提高分类准确度的同时，也降低了计算复杂度。

基本的SVM是一种线性的二类分类器。当分类边界为非线性时，可以为SVM加入非线性元素，即核方法。当用于多分类问题时，可以组合多个二分类器来实现。为简化分析过程，本书只对线性二分类的情况进行介绍。

如图7.7所示，三角和方块分别为不同类别的数据点，画一条直线分开这两类数据即是线性二分类。这条直线的划分方法有很多。为了使得加入新的数据点时，该直线仍然可以正确地划分两类数据，SVM尝试去找到一条与两类数据点的距离相对足够远的直线，该直线称为决策超平面（二维空间中，平面为直线）。要找到决策超平面，先要找到正、负超平面。在与决策超平面同一斜率的直线中，将其向上平移过程中第一次路过第一类数据时的直线称为正超平面，向下平移同理，则有一个负超平面。正、负平面间的距离我们称为间隔，我们的目标是最大化正、负超平面的间隔距离 L，找到后即确定了决策超平面。正、负超平面上的数据点称为支持向量。

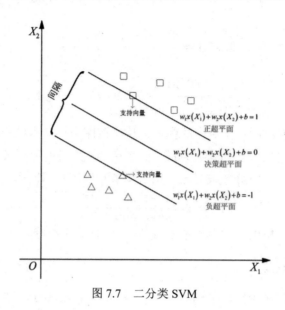

图 7.7   二分类 SVM

下面讲解求解决策超平面的过程。

如图7.8所示，首先选取两个支持向量x_m和x_n，分别位于正、负超平面上。这两个点必定满足以下两个方程式

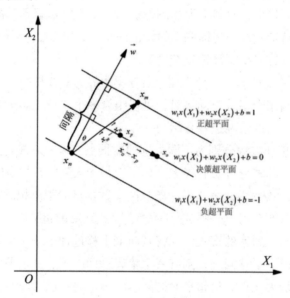

图 7.8   求解决策超平面

$$w_1 x_m(X_1) + w_2 x_m(X_2) + b = 1 \qquad (7\text{-}1)$$

$$w_1 x_n(X_1) + w_2 x_n(X_2) + b = -1 \qquad (7\text{-}2)$$

注意，X_1和X_2代表坐标轴，x代表空间中的一个点，$x(X_1)$和$x(X_2)$分别代表其横坐标与纵坐标。

将式（7-1）与式（7-2）相减，可得以下方程式

$$(w_1 x_m(X_1) + w_2 x_m(X_2)) - (w_1 x_n(X_1) + w_2 x_n(X_2)) = 2 \qquad (7\text{-}3)$$

向量点积的定义如下：

两个向量 $\vec{a} = [a_1, a_2, \cdots, a_n]$ 和 $\vec{b} = [b_1, b_2, \cdots, b_n]$ 的点积为

$$\vec{a} \cdot \vec{b} = [a_1 b_1 + a_2 b_2 + \cdots + a_n b_n] \qquad (7\text{-}4)$$

w 与 x 的向量形式如下：

$$\vec{w} = [w_1, w_2] \qquad (7\text{-}5)$$

$$\vec{x} = [x(X_1), x(X_2)] \qquad (7\text{-}6)$$

根据式（7-5）、式（7-6），式（7-3）可以转化为

$$\vec{w} \cdot \vec{x_m} - \vec{w} \cdot \vec{x_n} = \vec{w} \cdot \left(\vec{x_m} - \vec{x_n} \right) = 2 \qquad (7\text{-}7)$$

其中，$\vec{x_m} - \vec{x_n}$ 是一个从 x_n 指向 x_m 的向量。

如图7.8所示，我们再次选择两个点 x_o 和 x_p，位于决策超平面上。这两个点必定满足以下两个方程式

$$w_1 x_o(X_1) + w_2 x_o(X_2) + b = 0 \qquad (7\text{-}8)$$

$$w_1 x_p(X_1) + w_2 x_p(X_2) + b = 0 \qquad (7\text{-}9)$$

将方程式（7-8）与式（7-9）相减，可得以下方程式

$$\left(w_1 x_o(X_1) + w_2 x_o(X_2) \right) - \left(w_1 x_p(X_1) + w_2 x_p(X_2) \right) = 0 \qquad (7\text{-}10)$$

转化为向量形式

$$\vec{w} \cdot \vec{x_o} - \vec{w} \cdot \vec{x_p} = \vec{w} \cdot \left(\vec{x_o} - \vec{x_p} \right) = 0 \qquad (7\text{-}11)$$

由图7.8可知，$\vec{x_o} - \vec{x_p}$ 是一个从 x_p 指向 x_o 的向量。该向量与 $\vec{w}$ 的点积为0，说明 $\vec{x_o} - \vec{x_p}$ 与 $\vec{w}$ 这两个向量垂直。又因为 $\vec{x_o} - \vec{x_p}$ 位于决策超平面上，所以 $\vec{w}$ 与决策超平面垂直。设最大间隔为 M，则

$$M = \left\| \vec{x_m} - \vec{x_n} \right\| * \cos\theta \qquad (7\text{-}12)$$

$\|.\|$ 表示向量的模（长度）。

向量点积的几何定义如下。

设有两个向量 $\vec{a}$ 和 $\vec{b}$，它们的夹角为 θ，则点积为

$$\vec{a} \cdot \vec{b} = \left\| \vec{a} \right\| \left\| \vec{b} \right\| \cos\theta \qquad (7\text{-}13)$$

根据式（7-13），式（7-7）可以转化为

$$\vec{w} \cdot \left(\vec{x_m} - \vec{x_n} \right) = \left\| \vec{w} \right\| * \left\| \vec{x_m} - \vec{x_n} \right\| * \cos\theta = 2 \qquad (7\text{-}14)$$

则

$$M = \left\| \vec{x}_m - \vec{x}_n \right\| * \cos\theta = \frac{2}{\left\| \vec{w} \right\|} \qquad (7\text{-}15)$$

现在，我们的优化目标出现了，即为求间隔 M 的最大值

$$\max(M) = \max\left(\frac{2}{\left\| \vec{w} \right\|} \right) \qquad (7\text{-}16)$$

为方便求解，我们做一个转化，将求最大值变成求最小值

$$\max(M) \rightarrow \min\left(\left\| \vec{w} \right\| \right) \qquad (7\text{-}17)$$

式（7-17）就是我们的优化目标，求解最大化的间隔 M，即是求最小的 $\left\| \vec{w} \right\|$。那么，间隔 M 是否可以无限大呢？当然是不可以的，间隔是有约束的。间隔不可以超出正、负超平面，即是说，正超平面上方的点满足

$$w_1 x(X_1) + w_2 x(X_2) + b \geqslant 1 \qquad (7\text{-}18)$$

对应地，负超平面下方的点满足

$$w_1 x(X_1) + w_2 x(X_2) + b \leqslant -1 \qquad (7\text{-}19)$$

式（7-18）与式（7-19）称为优化目标的约束条件。为方便求解，我们把式（7-18）与式（7-19）转化为向量形式

$$\text{正超平面上方的点：} \vec{w} \bullet \vec{x} + b \geqslant 1 \qquad (7\text{-}20)$$

$$\text{负超平面下方的点：} \vec{w} \bullet \vec{x} + b \leqslant -1 \qquad (7\text{-}21)$$

又因为，正超平面上方的点对应的是同一个类别，我们给这些点一个类标 $y_i = 1$，其中 i 对应每一个数据点的序号。对应地，我们给负超平面下方的点一个类标 $y_i = -1$。因为我们现在分析的是二分类器，传统上一般采用 1 和 -1 作为类标。有了类标之后，可以把约束条件进行简化为

$$y_i\left(\vec{w} \bullet \vec{x} + b \right) \geqslant 1, \quad i = 1, 2, \cdots, S \left(S \text{为全部数据点的个数} \right) \qquad (7\text{-}22)$$

现在，求最大间隔 M 的问题就变成了一个不等式约束优化的问题

$$\begin{cases} \min\left(\left\| \vec{w} \right\| \right) \\ \text{s.t.} \quad y_i\left(\vec{w} \bullet \vec{x} + b \right) \geqslant 1, \quad i = 1, 2, \cdots, S \end{cases} \qquad (7\text{-}23)$$

s.t. 是 subject to 的简写，意为"受约束于"。

我们对其进行进一步转化

$$\begin{cases} \min\left(\dfrac{\left\|\overrightarrow{w}\right\|^2}{2}\right) \\ \text{s.t.} \quad y_i\left(\overrightarrow{w}\bullet\overrightarrow{x}+b\right)-1\geqslant 0, \quad i=1,2,\cdots,S \end{cases} \quad （7\text{-}24）$$

由于 $\left\|\overrightarrow{w}\right\|=\sqrt{\dfrac{w_1^2+w_1^2}{2}}$，可以认为求 $\left\|\overrightarrow{w}\right\|$ 的最小值与 $\left\|\overrightarrow{w}\right\|^2$ 的最小值是等价的，这样转化后便丁求导，除以2也是为了后面求导方便。

下面引入一个 $p_i^2\geqslant 0$，将不等式约束转化为等式约束，从而可以采用拉格朗日乘子法进行求解。

$$\begin{cases} \min\left(\dfrac{\left\|\overrightarrow{w}\right\|^2}{2}\right) \\ \text{s.t.} \quad p_i^2-\left(y_i\left(\overrightarrow{w}\bullet\overrightarrow{x}+b\right)-1\right)=0, \quad i=1,2,\cdots,S \end{cases} \quad （7\text{-}25）$$

这样，就可以使用拉格朗日乘子法了。拉格朗日乘子法定义如下。

假设目标函数为最小化 $f(x)$，约束条件为 $h(x)=0$，则该优化问题表述如下

$$\begin{cases} \min\left(f(x)\right) \\ \text{s.t.} \quad h(x)=0 \end{cases} \quad （7\text{-}26）$$

式（7-26）对应的拉格朗日函数为

$$L(x,\lambda)=f(x)+\lambda h(x) \quad （7\text{-}27）$$

其中 λ 称为拉格朗日乘子，$\lambda\geqslant 0$。注：拉格朗日乘子法的数学原理本书不做说明，有兴趣的读者可以自行研究。

通过拉格朗日函数，原问题——最小化 $f(x)$，约束条件为 $h(x)=0$ 就转化成了求拉格朗日函数的最小值，即 $\min\left(L(x,\lambda)\right)$。

当有多个约束条件时，即假设目标函数为最小化 $f(x)$，约束条件为 $h_i(x)=0$，则该优化问题表述如下

$$\begin{cases} \min\left(f(x)\right) \\ \text{s.t.} h_i(x)=0, \quad i=1,2,\cdots,N \end{cases} \quad （7\text{-}28）$$

其中N为约束的个数。式（7-28）对应的拉格朗日函数为

$$L(x,\lambda)=f(x)+\sum_{i=1}^{N}\lambda_i h_i(x) \quad （7\text{-}29）$$

由式（7-28）与式（7-29）可知，式（7-25）对应的拉格朗日函数为

$$L(w,b,\lambda,p) = \frac{\left\|\vec{w}\right\|^2}{2} + \sum_{i=1}^{s} \lambda_i \left(p_i^2 - \left(y_i \left(\vec{w} \cdot \vec{x} + b \right) - 1 \right) \right)$$

$$= \frac{\left\|\vec{w}\right\|^2}{2} - \sum_{i=1}^{s} \lambda_i \left(y_i \left(\vec{w} \cdot \vec{x} + b \right) - 1 - p_i^2 \right)$$

（7-30）

为了求拉格朗日函数的极值，我们对 w、b、λ_i、p_i 求偏导并令其等于0，可得

$$\frac{\partial L}{\partial w} = \vec{w} - \sum_{i=1}^{s} \lambda_i y_i \cdot \vec{x} = 0 \Rightarrow \vec{w} = \sum_{i=1}^{s} \lambda_i y_i \cdot \vec{x} \qquad (7\text{-}31)$$

$$\frac{\partial L}{\partial b} = -\sum_{i=1}^{s} \lambda_i y_i = 0 \Rightarrow \sum_{i=1}^{s} \lambda_i y_i = 0 \qquad (7\text{-}32)$$

$$\frac{\partial L}{\partial \lambda_i} = -\left(y_i \left(\vec{w} \cdot \vec{x} + b \right) - 1 - p_i^2 \right) = 0 \Rightarrow \left(y_i \left(\vec{w} \cdot \vec{x} + b \right) - 1 - p_i^2 \right) = 0 \quad (7\text{-}33)$$

$$\frac{\partial L}{\partial p_i} = -2 p_i \lambda_i = 0 \Rightarrow \lambda_i p_i^2 = 0 \qquad (7\text{-}34)$$

由式（7-33）和式（7-34）可得

$$\lambda_i \left(y_i \left(\vec{w} \cdot \vec{x} + b \right) - 1 \right) = 0 \qquad (7\text{-}35)$$

现在，我们得到了一组由等式和不等式组成的条件

$$\vec{w} = \sum_{i=1}^{s} \lambda_i y_i \cdot \vec{x} \qquad (7\text{-}36)$$

$$\sum_{i=1}^{s} \lambda_i y_i = 0 \qquad (7\text{-}37)$$

$$\lambda_i \left(y_i \left(\vec{w} \cdot \vec{x} + b \right) - 1 \right) = 0 \qquad (7\text{-}38)$$

$$y_i \left(\vec{w} \cdot \vec{x} + b \right) - 1 \geqslant 0 \qquad (7\text{-}38)$$

$$\lambda_i \geqslant 0 \qquad (7\text{-}39)$$

这组条件称为KKT条件。我们可以用这组条件中的等式去求解，然后用这组条件中的不等式去验证所求的解是否为最优解。

在SVM中，通常使用原问题的对偶问题来求解，所以对原问题做进一步的转化。对偶问题简单介绍如下。

假设目标函数为最小化 $f(x)$，约束条件为 $h_i(x) \leqslant 0$，则该优化问题表述如下

$$\begin{cases} \min \left(f(x) \right) \\ \text{s.t.} h_i(x) \leqslant 0, \quad i = 1, 2, \cdots, N \end{cases} \qquad (7\text{-}40)$$

其中 N 为约束的个数。式（7-28）对应的拉格朗日函数为

$$L(x,\lambda) = f(x) + \sum_{i=1}^{N} \lambda_i h_i(x) \tag{7-41}$$

则原问题的对偶问题定义为

$$\max\left(\min\left(L(x,\lambda)\right)\right) \tag{7-42}$$

为符合拉格朗日函数构造，我们把原问题转化为

$$\begin{cases} \min\left(\dfrac{\left\|\vec{w}\right\|^2}{2}\right) \\ \text{s.t.} \quad 1 - y_i\left(\vec{w}\bullet\vec{x}+b\right) \leqslant 0, \quad i=1,2,\cdots,S \end{cases} \tag{7-43}$$

则原问题对应的拉格朗日函数为

$$\begin{aligned} L(w,b,\lambda,p) &= \frac{\left\|\vec{w}\right\|^2}{2} + \sum_{i=1}^{S} \lambda_i\left(1 - y_i\left(\vec{w}\bullet\vec{x}+b\right)\right) \\ &= \frac{\left\|\vec{w}\right\|^2}{2} - \sum_{i=1}^{S} \lambda_i\left(y_i\left(\vec{w}\bullet\vec{x}+b\right)-1\right) \end{aligned} \tag{7-44}$$

原问题的对偶问题为

$$\max\left(\min\left(L(w,b,\lambda,p)\right)\right) = \max\left(\min\left(\frac{\left\|\vec{w}\right\|^2}{2} - \sum_{i=1}^{S} \lambda_i\left(y_i\left(\vec{w}\bullet\vec{x}+b\right)-1\right)\right)\right) \tag{7-45}$$

将KKT条件中的式（7-36）与式（7-37）代入式（7-45），可得原问题的对偶问题为

$$\max\left(-\frac{\sum_{i=1}^{S}\sum_{j=1}^{S} \lambda_i\lambda_j y_i y_j * \vec{x_i}\bullet\vec{x_j}}{2} + \sum_{i=1}^{S} \lambda_i\right) \tag{7-46}$$

式（7-46）中，之所以能消除掉括号内的min，是因为我们将KKT条件中的等式代入了式（7-45）。KKT条件是满足求最小值的一组条件，所以代入后就可以消除掉min。为方便求导，将式（7-46）的求最大值问题转化为求最小值问题，从而得到最终的约束条件优化函数（只关心运算过程不关心证明过程的读者，这里开始是重点了）。

$$\begin{cases} \min\left(\dfrac{\sum_{i=1}^{S}\sum_{j=1}^{S} \lambda_i\lambda_j y_i y_j * \vec{x_i}\bullet\vec{x_j}}{2} - \sum_{i=1}^{S} \lambda_i\right) \\ \text{s.t.} \quad \lambda_i \geqslant 0 \end{cases} \tag{7-47}$$

对式（7-46）进行求解，即可得到最大间隔下的决策超平面，求解过程如下：

（1）对式（7-47）第一项求偏导，得到 λ。

（2）根据KKT条件式（7-36），解出 $\vec{w}$。

（3）由于决策超平面上的任意一点都满足 $y_i\left(\vec{w}\bullet\vec{x_i}+b\right)-1=0$，可得 $b=\dfrac{1}{y_i}-\vec{w}\bullet\vec{x_i}$。

（4）用式（7-47）第二项 $\lambda_i\geqslant0$ 来验证求得的解是否为最优解。

下面给出一个例子。

给出4个数据点 $x_1(2,2)$、$x_2(4,3)$、$x_3(3,5)$、$x_4(4,6)$（训练数据）。对应的类标为 $y_1=1$、$y_2=1$、$y_3=-1$、$y_4=-1$。现在我们去求出最大间隔下的决策超平面。然后，再给出两个新数据点 $x_5(1,1)$、$x_6(3,6)$（测试数据），采用决策超平面去判断这两个新数据点的类别。

首先，我们把所有训练数据和对应的类标代入最终的优化目标式（7-47）。将式（7-47）中min里面的部分记为 L，则可得

$$
\begin{aligned}
L &= \frac{\displaystyle\sum_{i=1}^{4}\sum_{j=1}^{4}\lambda_i\lambda_j y_i y_j * \vec{x_i}\bullet\vec{x_j}}{2} - \sum_{i=1}^{4}\lambda_i \\[2mm]
&= \frac{1}{2}\begin{pmatrix}
\lambda_1\lambda_1 y_1 y_1 * \vec{x_1}\bullet\vec{x_1} + \lambda_1\lambda_2 y_1 y_2 * \vec{x_1}\bullet\vec{x_2} + \lambda_1\lambda_3 y_1 y_3 * \vec{x_1}\bullet\vec{x_3} + \lambda_1\lambda_4 y_1 y_4 * \vec{x_1}\bullet\vec{x_4} \\
+\lambda_2\lambda_1 y_2 y_1 * \vec{x_2}\bullet\vec{x_1} + \lambda_2\lambda_2 y_2 y_2 * \vec{x_2}\bullet\vec{x_2} + \lambda_2\lambda_3 y_2 y_3 * \vec{x_2}\bullet\vec{x_3} + \lambda_2\lambda_4 y_2 y_4 * \vec{x_2}\bullet\vec{x_4} \\
+\lambda_3\lambda_1 y_3 y_1 * \vec{x_3}\bullet\vec{x_1} + \lambda_3\lambda_2 y_3 y_2 * \vec{x_3}\bullet\vec{x_2} + \lambda_3\lambda_3 y_3 y_3 * \vec{x_3}\bullet\vec{x_3} + \lambda_3\lambda_4 y_3 y_4 * \vec{x_3}\bullet\vec{x_4} \\
+\lambda_4\lambda_1 y_4 y_1 * \vec{x_4}\bullet\vec{x_1} + \lambda_4\lambda_2 y_4 y_2 * \vec{x_4}\bullet\vec{x_2} + \lambda_4\lambda_3 y_4 y_3 * \vec{x_4}\bullet\vec{x_3} + \lambda_4\lambda_4 y_4 y_4 * \vec{x_4}\bullet\vec{x_4}
\end{pmatrix} \\
&\quad -\lambda_1-\lambda_2-\lambda_3-\lambda_4 \\[2mm]
&= \frac{1}{2}\begin{pmatrix}
\lambda_1^2*1*(2*2+2*2)+\lambda_1\lambda_2*1*(2*4+2*3) \\
+\lambda_1\lambda_3*(-1)*(2*3+2*5)+\lambda_1\lambda_4*(-1)*(2*4+2*6) \\
+\lambda_2\lambda_1*1*(2*4+2*3)+\lambda_2^2*1*(4*4+3*3) \\
+\lambda_2\lambda_3*(-1)*(4*3+3*5)+\lambda_2\lambda_4*(-1)*(4*4+3*6) \\
+\lambda_3\lambda_1*(-1)*(2*3+2*5)+\lambda_3\lambda_2*(-1)*(4*3+3*5) \\
+\lambda_3^3*1*(3*3+5*5)+\lambda_3\lambda_4*(-1)*(3*4+5*6) \\
+\lambda_4\lambda_1*(-1)*(2*4+2*6)+\lambda_4\lambda_2*(-1)*(4*4+3*6) \\
+\lambda_4\lambda_3*(-1)*(3*4+5*6)+\lambda_4^4*1*(4*4+6*6)
\end{pmatrix} \\
&\quad -\lambda_1-\lambda_2-\lambda_3-\lambda_4 \\[2mm]
&= \frac{1}{2}\begin{pmatrix}
8\lambda_1^2+25\lambda_2^2+34\lambda_3^2+52\lambda_4^2+28\lambda_1\lambda_2 \\
-32\lambda_1\lambda_3-40\lambda_1\lambda_4-54\lambda_2\lambda_3-68\lambda_2\lambda_4+84\lambda_3\lambda_4
\end{pmatrix} \\
&\quad -\lambda_1-\lambda_2-\lambda_3-\lambda_4
\end{aligned}
$$

下面分别对 λ_1、λ_2、λ_3、λ_4 求偏导并令其等于0。

$$\frac{\partial L}{\partial \lambda_1} = \frac{\partial\left(\frac{1}{2}\begin{pmatrix}8\lambda_1^2 + 25\lambda_2^2 + 34\lambda_3^2 + 52\lambda_4^2 + 28\lambda_1\lambda_2 \\ -32\lambda_1\lambda_3 - 40\lambda_1\lambda_4 - 54\lambda_2\lambda_3 - 68\lambda_2\lambda_4 + 84\lambda_3\lambda_4\end{pmatrix} - \lambda_1 - \lambda_2 - \lambda_3 - \lambda_4\right)}{\partial \lambda_1}$$

$$= \frac{\partial\left(\frac{1}{2}*8\lambda_1^2\right)}{\partial \lambda_1} + \frac{\partial\left(\frac{1}{2}*25\lambda_2^2\right)}{\partial \lambda_1} + \frac{\partial\left(\frac{1}{2}*34\lambda_3^2\right)}{\partial \lambda_1} + \frac{\partial\left(\frac{1}{2}*52\lambda_4^2\right)}{\partial \lambda_1} + \frac{\partial\left(\frac{1}{2}*28\lambda_1\lambda_2\right)}{\partial \lambda_1}$$

$$- \frac{\partial\left(\frac{1}{2}*32\lambda_1\lambda_3\right)}{\partial \lambda_1} - \frac{\partial\left(\frac{1}{2}*40\lambda_1\lambda_4\right)}{\partial \lambda_1} - \frac{\partial\left(\frac{1}{2}*54\lambda_2\lambda_3\right)}{\partial \lambda_1} - \frac{\partial\left(\frac{1}{2}*68\lambda_2\lambda_4\right)}{\partial \lambda_1} + \frac{\partial\left(\frac{1}{2}*84\lambda_3\lambda_4\right)}{\partial \lambda_1}$$

$$- \frac{\partial \lambda_1}{\partial \lambda_1} - \frac{\partial \lambda_1}{\partial \lambda_1} - \frac{\partial \lambda_1}{\partial \lambda_1} - \frac{\partial \lambda_1}{\partial \lambda_1}$$

$$= 8\lambda_1 + 0 + 0 + 0 + 14\lambda_2 - 16\lambda_3 - 20\lambda_4 - 0 - 0 + 0 - 1 - 0 - 0 - 0$$

$$= 8\lambda_1 + 14\lambda_2 - 16\lambda_3 - 20\lambda_4 - 1 = 0$$

$$\frac{\partial L}{\partial \lambda_2} = 14\lambda_1 + 25\lambda_2 - 27\lambda_3 - 34\lambda_4 - 1 = 0$$

$$\frac{\partial L}{\partial \lambda_3} = -16\lambda_1 - 27\lambda_2 + 34\lambda_3 + 42\lambda_4 - 1 = 0$$

$$\frac{\partial L}{\partial \lambda_4} = -20\lambda_1 - 34\lambda_2 + 42\lambda_3 + 52\lambda_4 - 1 = 0$$

现在，我们得到了一个线性方程组

$$\begin{cases}8\lambda_1 + 14\lambda_2 - 16\lambda_3 - 20\lambda_4 = 1 \\ 14\lambda_1 + 25\lambda_2 - 27\lambda_3 - 34\lambda_4 = 1 \\ -16\lambda_1 - 27\lambda_2 + 34\lambda_3 + 42\lambda_4 = 1 \\ -20\lambda_1 - 34\lambda_2 + 42\lambda_3 + 52\lambda_4 = 1\end{cases}$$

这个方程组不太好手工求解，我们写一段代码来解这个方程组。由于这个方程组是一个典型的 $Ax = b$ 类型的方程组，所以可以用以下代码来求解。

```
# 求解线性方程组
from scipy import linalg
import numpy as np

#8*r1 + 14*r2 - 16*r3 - 20*r4 = 1
#14*r1 + 25*r2 - 27*r3 - 34*r4 = 1
#-16*r1 - 27*r2 + 34*r3 + 42*r4 = 1
#-20*r1 - 34*r2 + 42*r3 + 52*r4 = 1
```

```
A=np.array([[8,14,-16,-20],[14,25,-27,-34],[-16,-27,34,42],[-20,-34,42,5
2]])
I=np.eye(4,4,dtype=int,k=0)
I=I*0.01;
A=A+I;  #使不可逆矩阵可逆
b=np.array([1,1,1,1])
r=linalg.solve(A,b)
print(r)
```

运行代码，可以得到 $\lambda_1 = 73.27$、$\lambda_2 = -23.71$、$\lambda_3 = -0.37$、$\lambda_4 = 12$。

我们发现，λ 中存在负值，这意味着没有得到最优解。那么这个解是否可行呢？现在来验证一下。接下来，根据KKT条件式（7-36），解出 $\vec{w}$。

$$\vec{w} = \sum_{i=1}^{4} \lambda_i y_i \cdot \vec{x}$$
$$= \lambda_1 y_1 \vec{x_1} + \lambda_2 y_2 \vec{x_2} + \lambda_3 y_3 \vec{x_3} + \lambda_4 y_4 \vec{x_4}$$
$$= 73.27*(2,2) - 23.71*(4,3) - 0.37*(3,5) - 12*(4,6)$$
$$= (73.27*2, 73.27*2) - (23.71*4, 23.71*3) - (0.37*3, 0.37*5) - (12*4, 12*6)$$
$$= (0.84, -0.7)$$

接下来，我们选择第一个数据点来求解 b。

$$b = \frac{1}{y_1} - \vec{w} \cdot \vec{x_1} = 1 - (0.84*2 - 0.7*2)$$
$$= 0.73$$

这样，就得到了一个决策超平面

$$\vec{w} \cdot \vec{x} + b = (0.84, -0.7) \cdot \vec{x} + 0.73 = 0$$

我们把4个训练数据点 $x_1(2,2)$、$x_2(4,3)$、$x_3(3,5)$、$x_4(4,6)$ 代入决策超平面，得到

$$(0.84, -0.7) \cdot \vec{x_1} + 0.73 = (0.84, -0.7) \cdot (2,2) + 0.73 = 1$$

$$(0.84, -0.7) \cdot \vec{x_2} + 0.73 = (0.84, -0.7) \cdot (4,3) + 0.73 = 1.97$$

$$(0.84, -0.7) \cdot \vec{x_3} + 0.73 = (0.84, -0.7) \cdot (3,5) + 0.73 = -0.27$$

$$(0.84, -0.7) \cdot \vec{x_4} + 0.73 = (0.84, -0.7) \cdot (4,6) + 0.73 = -0.14$$

然后我们用sign函数来判断这4个数据点属于哪一类。根据决策超平面的定义，SVM的sign函数定义为

$$\text{sign}(x) = \begin{cases} 1, & x > 0 \\ -1, & x < 0 \end{cases}$$

sign函数的值对应类标。我们可以看到sign(1)=sign(1.97)=1，说明$x_1(2,2)$、$x_2(4,3)$的类标为1；sign(-0.27)=sign(-0.14)=-1，说明$x_3(3,5)$、$x_4(4,6)$的类标为-1。分类的结果是正确的，说明我们求到的决策超平面的解是可行的。$x_1(2,2)$对应的超平面值为1，说明它是正超平面的一个支撑向量。而$x_3(3,5)$、$x_4(4,6)$的超平面值不存在接近-1的值，说明我们没有找到负超平面的支撑向量，所求的解不是最优解。

接下来，我们把两个测试数据点$x_5(1,1)$、$x_6(3,6)$代入决策超平面，得到

$$(0.84,-0.7)\cdot \vec{x_5}+0.73=(0.84,-0.7)\cdot(1,1)+0.73=0.87$$

$$(0.84,-0.7)\cdot \vec{x_6}+0.73=(0.84,-0.7)\cdot(3,6)+0.73=-0.97$$

$x_5(1,1)$对应的超平面值接近1，说明它位于正超平面附近；$x_6(3,6)$对应的超平面值非常接近-1，说明它是负超平面的一个支撑向量。

$x_5(1,1)$对应的sign函数输出sign(0.87)=1，$x_6(3,6)$对应的sign函数输出为sign(-0.97)=-1。图7.9展示了求出的决策超平面。通过观察图7.9，可以认为$x_5(1,1)$和$x_6(3,6)$得到了正确的分类。这说明我们通过最终约束优化函数式（7-47）求得的解是可行的。

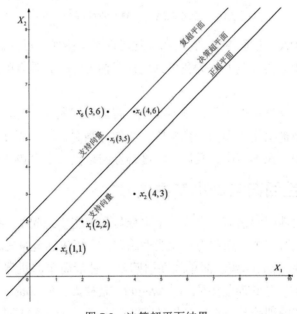

图7.9　决策超平面结果

7.3　深度神经网络

与PCA近似的降维方法有线性辨别分析（Linear Discriminant Analysis，LDA）。PCA的优化目标为投影后总体散度最大，LDA的优化目标为投影后类内散度最小且类间散度最大，如图7.10所示。此外，分类器SVM的优化目标是得到最大的正、负类间隔。

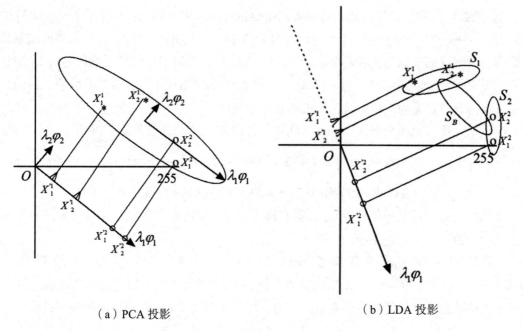

（a）PCA 投影　　　　　　　　　　（b）LDA 投影

图 7.10　对比 PCA 与 LDA 两种降维方法

　　无论是PCA、LDA，还是SVM，它们的优化目标对于图像分类的需求来说都是间接的。那么，能不能直接用分类准确度作为我们的优化目标呢？答案是有的，这种技术称为神经网络。

　　深度神经网络，又称深度学习，是当前人工智能领域最热门的技术，在图像处理中，深度神经网络广泛地被应用于图像特征提取、图像分割等领域。深度神经网络技术起源于统计学中的线性回归。在本节中，我们对深度神经网络做一个简单的介绍。

7.3.1　简单线性回归与最小二乘法

　　在统计学中，线性回归是对一个或多个自变量和因变量之间关系进行建模的一种回归分析。如果自变量只有一个，则称为一元线性回归，可以表达为 $y = wx$。简单线性回归处理的问题就是 $y = b + wx$ 的问题。简单线性回归是一种最简单的机器学习，y叫作标记，x叫作特征，已知的x和y叫作训练数据，w（weight）是权重，b（bias）是偏置。简单线性回归就是通过一批已知的训练数据求解未知的w和b，从而对未知数据进行估计。下面通过一个例子来说明。

　　假设现在我们得到了4个数据点（x，y）：(1,5)、（2,4）、（3,6）、（4,9），如图7.11所示。

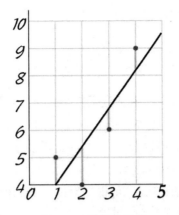

图 7.11 数据点坐标

假设第5个数据点我们只得到了x值，如何估计它的y值呢？在这里，已知的4个数据点就是训练数据，第5个数据点就是未知数据。我们可以找出一条和4个数据点最匹配的直线 $y = b + Wx$，即找出能够大致符合如下线性方程组的b和W。

$$5 = b + 1W$$
$$4 = b + 2W$$
$$6 = b + 3W$$
$$9 = b + 4W$$

上述方程组求解可采用最小二乘法。最小二乘法采取的手段是使得等号两端的差最小，也就是找出下面的函数的最小值。S称为代价函数（Cost Function）或损失函数（Loss Function），S值越小，数据的匹配效果就越好。

$$S(b,W) = \left[5 - (b + 1W)\right]^2 + \left[4 - (b + 2W)\right]^2 + \left[6 - (b + 3W)\right]^2 + \left[9 - (b + 4W)\right]^2$$

最小值可以通过对$S(b,W)$分别求b和W的偏导数，然后使它们等于零得到。

$$\frac{\partial S}{\partial b} = 8b + 20W - 48 = 0$$
$$\frac{\partial S}{\partial W} = 20b + 60W - 134 = 0$$

如此就得到了一个只有两个未知数的方程组，可得

$$b = 2.5$$
$$W = 1.4$$

也就是说直线$y = 2.5 + 1.4x$是最佳的。这条直线叫作回归直线。回归分析的用途很广，例如，设x为房屋面积，y为房屋价格，我们可以用一组已知x和y来对某个面积的房屋的价格进行预测。

线性回归可以拓展到非线性回归。如果数据的分布是一条曲线，则可以采用非线性回归得到一条回归曲线。

7.3.2 梯度下降

在实际线性回归问题的求解中，由于数据量很大而且数据特征维数很高（例如，一幅分辨率为100像素×100像素的图片的特征维数就高达10000），我们很难用前面在SVM和最小二乘法部分介绍的代数方法求得解析解，这是往往需要使用一些数值算法来求得数值解，例如梯度下降法。下面简单介绍一下梯度下降法。

对上文中的 $S(b,W)$ 进行归纳终结，可得一般情况下的代价函数

$$C(b,W) = \sum_{i=1}^{m} \left(b + W * x^i - y^i \right)^2$$

其中 m 是采集到的数据点的个数。$C(b,W)$ 是 $S(b,W)$ 的归纳总结，即是说，将采集到的4个数据点代入 $C(b,W)$，可以得到 $S(b,W)$。$C(b,W)$ 函数曲面如图7.12所示。

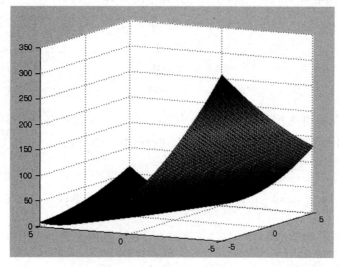

图 7.12 $C(b,W)$ 函数曲面

梯度下降法指的是从曲面中的任意一点开始，沿着梯度的反方向一步步地下降，直到下降到曲面的最低点，相当于上面最小二乘法中找到的最小值。上述函数 $C(b,W)$ 梯度下降具体过程由下面两个公式描述，其中 m 为归一化参数，否则样本量不同时求得的结果不统一，加 $\frac{1}{2}$ 是为了方便求导，α 为学习率，即每一步下降的步长。$b + W * x^i - y^i$ 为函数 J 关于变量 b 的偏导数，$(b + W * x^i - y^i)x^i$ 为函数 J 关于变量 W 的偏导数，这两个偏导数共同构成一个梯度向量 $[b + W * x^i - y^i, (b + W * x^i - y^i) \cdot x^i]$，这个梯度向量的模（可以理解为绝对值）反映了函数 J 在当前位置变化的剧烈程度，这个梯度向量的方向由向量的各个分量共同构成。

$$b := b - \frac{1}{2m}\alpha\frac{\partial \sum_{i=1}^{m}\left(b + W * x^i - y^i\right)^2}{\partial b}$$

$$:= b - \frac{1}{2m}\bullet\alpha\bullet 2\bullet\sum_{i=1}^{m}\left(b + W * x^i - y^i\right)\frac{\partial\left(b + W * x^i - y^i\right)}{\partial b}$$

$$:= b - \alpha\frac{1}{m}\sum_{i=1}^{m}\left(b + W * x^i - y^i\right)$$

$$W := W - \frac{1}{2m}\alpha\frac{\partial \sum_{i=1}^{m}\left(b + W * x^i - y^i\right)^2}{\partial W}$$

$$:= W - \frac{1}{2m}\bullet\alpha\bullet 2\bullet\sum_{i=1}^{m}\left(b + W * x^i - y^i\right)\frac{\partial\left(b + W * x^i - y^i\right)}{\partial W}$$

$$:= W - \alpha\frac{1}{m}\sum_{i=1}^{m}\left(b + W * x^i - y^i\right)\bullet x^i$$

上面两个公式描述了梯度下降的过程。即是说，从函数C上的任意一点，b和W分别沿着梯度方向，以α为步长下降并更新自身的值，然后进入下一次下降。重复迭代这个过程，直到某次迭代的差值小于某个阈值。α需要通过实验来确定。步长过大，容易跳出全局最小值；步长过小，则容易陷入局部最小值。

下面用梯度下降法求一个非常简单的函数$C = 2W$在$W \geqslant 0$时的最小值，进一步对梯度下降进行理解。函数如图7.13所示。

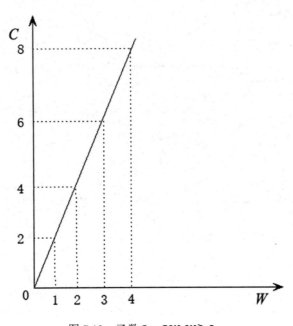

图7.13　函数$C = 2W, W \geqslant 0$

在梯度下降公式中，每次的位移向量可以表示为$\Delta W = \alpha\frac{\mathrm{d}c}{\mathrm{d}w}$。梯度下降过程为：

（1）设置一个初始值，$W=4$，设置步长 $\alpha = 1$。

（2）对 C 求导，$\dfrac{dC}{dW} = 2$。

（3）W 按照梯度方向和设定的步长移动一步 ΔW，可以得到新的 W 值 $= W - \Delta W$，从而可以从新的 W 值求得新的 C 值，循环迭代，直到下降到最小值。

梯度下降过程如表 7.2 所示。可以看到，经过 3 次迭代，我们求得函数 C 的最小值 0，对应变量 W 的值为 0。

表 7.2 梯度下降过程

迭代次数	位置	梯度	位移向量	函数值
	W	$\dfrac{dC}{dW}$	ΔW	C
1	4	2	2	8
2	2（4–2）	2	2	4
3	0（2–2）	2	2	0

通过编写代码，进一步理解梯度下降。函数 $y = x^2 + 1$ 梯度下降的代码如下：

```
def func_1d(x):
    """
    目标函数
    :param x: 自变量，标量
    :return: 因变量，标量
    """
    return x ** 2 + 1


def grad_1d(x):
    """
    目标函数的梯度
    :param x: 自变量，标量
    :return: 因变量，标量
    """
    return x * 2


def gradient_descent_1d(grad , cur_x=0.1 , learning_rate=0.01 ,
precision=0.0001, max_iters=10000):
    """
```

```
    一维问题的梯度下降法
    :param grad: 目标函数的梯度
    :param cur_x: 当前 x 值，通过参数可以提供初始值
    :param learning_rate: 学习率，也相当于设置的步长
    :param precision: 设置收敛精度
    :param max_iters: 最大迭代次数
    :return: 局部最小值 x*
    """
    for i in range(max_iters):
        grad_cur = grad(cur_x)
        if abs(grad_cur) < precision:
            break  # 当梯度趋近为 0 时，视为收敛
        cur_x = cur_x - grad_cur * learning_rate
        print("第", i, "次迭代: x 值为 ", cur_x)


    print("局部最小值 x =", cur_x)
    return cur_x


if __name__ == '__main__':
    gradient_descent_1d(grad_1d  ,   cur_x=10  ,  learning_rate=0.2  ,
precision=0.000001, max_iters=1000)
```

函 数 $S(b, W) = [5 - (b + 1W)]^2 + [4 - (b + 2W)]^2 + [6 - (b + 3W)]^2 + [9 - (b + 4W)]^2$的梯度下降代码如下：

```
# 训练数据
x = [1, 2, 3, 4]
y = [5, 4, 6, 9]


step, t1, t2, k = 0.01, 1, 1, 0      # 设置步长,初始值,迭代记录数
t1_change = t1        # 初始化差值
t2_change = t2
t1_current = t1       # 计算当前 theta 值
t2_current = t2


while abs(t1_change) > 0.000001 and abs(t2_change) > 0.000001:      # 设置条
件,两次计算的值之差小于某个数,跳出循环
```

```
        t1_current = t1-step*(t1 + t2*x[0] - y[0]+t1 + t2*x[1] -
                y[1]+t1 + t2*x[2] - y[2]+t1 + t2*x[3] - y[3])/4    # 沿梯度反
方向下降, step 为步长!
        t1_change = t1-t1_current            # 计算两次函数值之差
        t1 = t1_current                      # 重新计算当前的函数值
        t2_current = t2-step*((t1 + t2*x[0] - y[0])*x[0]+(t1 + t2*x[1] - y[1])*x[1]
+(t1 + t2*x[2] - y[2])*x[2]+(t1 + t2*x[3] - y[3])*x[3])/4    # 沿梯度反方向下降,
step 为步长
        t2_change = t2-t2_current                # 计算两次函数值之差
        t2 = t2_current                          # 重新计算当前的函数值
        k = k+1

  a1 = t1 + t2*x[0] - y[0]
  a2 = t1 + t2*x[1] - y[1]
  a3 = t1 + t2*x[2] - y[2]
  a4 = t1 + t2*x[3] - y[3]

  J = (pow(a1, 2) + pow(a2, 2) + pow(a3, 2) + pow(a4, 2))/8

  yp = [t1 + t2 * x[0], t1 + t2 * x[1], t1 + t2 * x[2], t1 + t2 * x[3]]

  print('在迭代 {} 次后找到最小误差为: {}, 对应的 theta 值为: {}, {}\n 预测的 y 值为:
{},{}, {}, {}'.format(k, J, t1, t2, yp[0], yp[1], yp[2], yp[3]))
```

7.3.3 多元线性回归

回归分析中包含两个或两个以上的自变量,且因变量和自变量之间是线性关系,则称为多元线性回归分析。多元线性回归分析的目标是找到一个满足以下条件的线性关系:

$$y = \sum_{j=1}^{n} W_j x_j + b$$

该线性关系可以最佳地匹配采集到的数据,其中 n 为自变量的个数。多元线性回归的用途很广,例如,用已知的股票交易量、总量、涨跌值等数据来预测未来的股票涨跌值;用已知的温度、湿度、风速等数据来预测未来的天气。用于图像处理时,x_j 对应图像中第 j 个像素,n 为图像总像素个数。

7.3.4 逻辑回归与神经元

逻辑回归的出发点是解决二分类问题，例如，用已知的股票交易量、总量、涨跌值等数据来预测一只股票是否会涨；用一组采集到的性别已知的人脸图片来预测一幅性别未知的人脸图片中的人是男是女。

逻辑回归可表达为

$$h_{w,b}(x) = \sum_{j=1}^{n} f(W_j x_j + b)$$

其中n表示自变量的个数，f为激活函数，h为逻辑回归的输出，$h_{w,b}(x) \in [0,1]$。逻辑回归为线性回归加入一个非线性的激活函数f，我们通常认为，非线性回归能够对数据的分类边界线或回归曲线进行更佳的匹配（拟合），从而使得逻辑回归可以得到更好的分类效果。逻辑回归本质上是计算某个事件发生的可能性，如果可能性大于等于50%，则认为该事件会发生，否则认为该事件不会发生。因此，逻辑回归在选择激活函数时有两个要求：

（1）函数取值在0～1之间。

（2）函数应该以0.5为中心对称。

因此，我们通常采用sigmoid函数$f(z) = \frac{1}{1+\exp(-z)}$作为逻辑回归的激活函数。在逻辑回归中，$z$为逻辑回归的输入，$z = \sum_{j=1}^{n} W_j x_j + b$。sigmoid函数如图7.14所示。

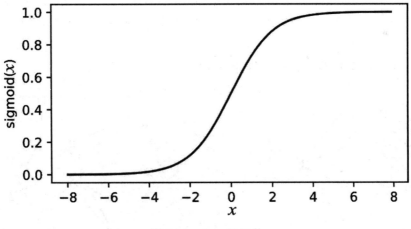

图 7.14　sigmoid 函数

7.3.5 神经网络与深度神经网络

通常我们可以假设更多的参数，为数据回归线或分类线带来更好的拟合，从而提升回归与分类效果。通常情况下这个假设是成立的。一般来说，浅层神经网络的性能优于逻辑回归，深度神经网络的性能优于浅层神经网络。一个逻辑回归可构成一个神经元，如图7.15所示。

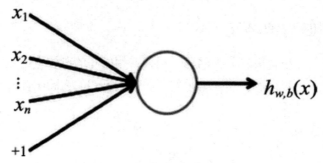

图 7.15　逻辑回归与神经元

多个神经元连接在一起，就构成了神经网络。神经网络可用于回归和分类。如图7.15所示，这是两个全连接网络。全连接网络指的是神经网络每两层之间所有神经元均相互连接。

图7.16（a）是一个回归网络，用于把网络的输入数据进行回归，网络的输出为一个数值。

图7.16（b）是一个二分类网络，用于把网络的输入数据分为两类。例如，从输入的人脸图像判断性别。网络进行训练，当输入图像为男性时，网络输出层第一个神经元的输出应该接近1，第二个神经元的输出应该接近0；当输入图像为女性时，网络输出层第一个神经元的输出应该接近0，第二个神经元的输出应该接近1。当网络用于分类时，如果第一个神经元的输出值大于第二个神经元，则判断该图像为男性，否则为女性。当我们需要三分类时，则网络输出层应该有三个神经元，网络训练时对应的输出值应为[1,0,0]、[0,1,0]、[0,0,1]。

当一个神经网络的层数足够多，我们便称其为深度神经网络。

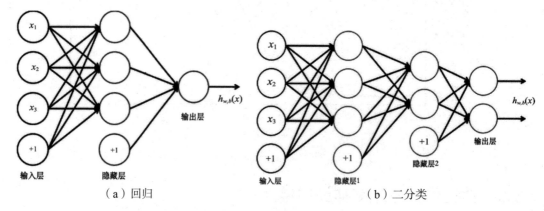

（a）回归　　　　　　　　　　　　　　　（b）二分类

图 7.16　神经网络

7.3.6　误差反向传播法

由于神经网络的结构要远远比逻辑回归更复杂，要求解的参数（w,b）要远远大于逻辑回归。例如，网络的输入是一幅100像素×100像素的图片，则网络的输入层就有10000个神经元，假设该网络只有一个隐藏层且神经元数量为1000，则该网络至少要求解1000万个参数。这时，难以直接使用梯度下降法，而往往要用到误差反向传播法。误差反向传播法定义了一个神经元残差δ，代价函数（误差）$\delta = \frac{\partial C}{\partial z}$对神经元输入求偏导。

我们用图7.17所示这个简单的神经网络来展示误差反向传播法的原理，其中x是网络的输入，z是神经元的输入，h是神经元的输出。

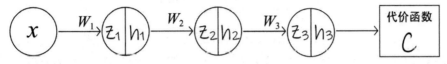

图 7.17 简单神经网络

设激活函数为f，网络输出的正解为t，则该网络可由下面的公式描述。

$$z_1 = W_1 x$$
$$h_1 = f(z_1)$$
$$z_2 = W_2 h_1$$
$$h_2 = f(z_2)$$
$$z_3 = W_3 h_2$$
$$h_3 = f(z_3)$$
$$C = (t - h_3)^2$$

神经元残差定义为

$$\delta_3 = \frac{\partial C}{\partial z_3}$$
$$\delta_2 = \frac{\partial C}{\partial z_2}$$
$$\delta_1 = \frac{\partial C}{\partial z_1}$$

注：神经元残差δ代表的是神经元Z输入给代价函数C带来的变化率。如果网络参数能够达到理想状态，则这个变化率应改为0。也就是说，δ表示的是与理想网络参数的偏差，我们称为神经元残差。

由神经元残差的定义可以证明：

$$\delta_2 = W_3 \delta_3 f'(z_2)$$
$$\delta_1 = W_2 \delta_2 f'(z_1)$$

注：该证明过程比较复杂，有兴趣的读者可自行查找资料。

如果激活函数为sigmod，则：

$$\delta_2 = W_3 \delta_3 \text{sigmod}(z_2)[1 - \text{sigmod}(z_2)]$$
$$\delta_1 = W_2 \delta_2 \text{sigmod}(z_1)[1 - \text{sigmod}(z_1)]$$

由上可知，残差δ的计算完全避免了求导。得到每一层的残差δ后，根据求导链式法则，

就可以求出网络每一层中代价函数C的偏导数

$$\frac{\partial C}{\partial W_3} = \frac{\partial C}{\partial z_3}\frac{\partial z_3}{\partial W_3} = \delta_3 h_2$$

$$\frac{\partial C}{\partial W_2} = \frac{\partial C}{\partial z_2}\frac{\partial z_2}{\partial W_2} = \delta_2 h_1$$

$$\frac{\partial C}{\partial W_1} = \frac{\partial C}{\partial z_1}\frac{\partial z_1}{\partial W_1} = \delta_1 x$$

利用神经元残差，误差反向传播法用递推运算替代求导运算，快速求出代价函数和梯度。在此基础上再使用梯度下降法，求出参数(w,b)的最优解。误差反向传播的流程如下：

（1）准备训练数据（例如100张图片）。

（2）设置参数(w,b)的初始值。

（3）把100张图片依次放入网络，得到网络输出层的100个误差（代价函数C）和对应的神经元输入Z，从而可以计算出输出层的神经元残差δ。注：如果你有10张显卡，就可以给每张显卡分配10张图片，提高训练速度。

（4）由输出层的神经元残差δ，反向传播，可以递推出网络各层的残差δ，从而可以求出网络的代价函数和梯度。

（5）利用梯度下降法更新参数(w,b)的值。

（6）反复进行（3）～（5）操作，直到代价函数足够小为止。

7.3.7　激活函数

在深度神经网络中，由于网络非常深，容易出现梯度消失问题。如图7.17所示，我们建立一个简单的深度网络。其中x是网络的输入，z是神经单元的输入，h是神经元的输出。

设激活函数为f，网络输出的正解为t，则该网络可由7.3.6节中给出的公式描述。

要采用梯度下降法得到最优的W_1，需要求C对W_1的偏导，根据求导的链式法则，可得

$$\frac{\partial C}{\partial W_1} = \frac{\partial C}{\partial h_3}\frac{\partial h_3}{\partial z_3}\frac{\partial z_3}{\partial h_2}\frac{\partial h_2}{\partial z_2}\frac{\partial z_2}{\partial h_1}\frac{\partial h_1}{\partial z_1}\frac{\partial z_1}{\partial W_1}$$

$$= \frac{\partial C}{\partial h_3}f^{'}(z_3)\frac{\partial z_3}{\partial h_2}f^{'}(z_2)\frac{\partial z_2}{\partial h_1}f^{'}(z_1)\frac{\partial z_1}{\partial W_1}$$

注：虽然误差反向传播法用递推运算替代了求导运算，但本质上仍然是一系列导数的乘积，所以上述的推导依然适用。

如果f为sigmod函数，则求导过程中有3个sigmod函数的导数相乘。

$$\frac{\partial C}{\partial W_1} = \frac{\partial C}{\partial h_3}\text{sigmod}'(z_3)\frac{\partial z_3}{\partial h_2}\text{sigmod}'(z_2)\frac{\partial z_2}{\partial h_1}\text{sigmod}'(z_1)\frac{\partial z_1}{\partial W_1}$$

sigmoid导数的值是比较小的数，如图7.18所示。多个这样的小数相乘，会使得梯度值非常小。而深度网络的隐藏层数量往往非常多，这使得梯度值接近零，也就是梯度消失。

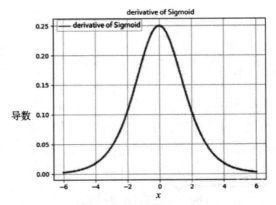

图 7.18   sigmoid 函数的导数

因此，在深度学习中，多使用relu函数来做激活函数。relu函数的定义如下。

$$\mathrm{relu}(x) = \max(0, x)$$

relu函数如图7.19所示。也就是说，当x小于等于0时，函数值为0；当x大于0时，函数值为x。

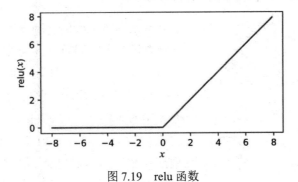

图 7.19   relu 函数

relu函数的导数如图7.20所示，当x小于等于0时，导数值为0；当x大于0时，导数值为1。

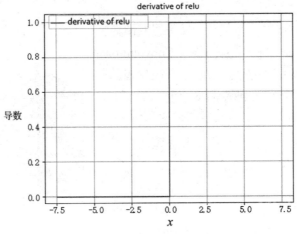

图 7.20   relu 函数的导数

设relu为激活函数，则

$$\frac{\partial C}{\partial W_1} = \frac{\partial C}{\partial h_3} \mathrm{relu}'(z_3) \frac{\partial z_3}{\partial h_2} \mathrm{relu}'(z_2) \frac{\partial z_2}{\partial h_1} \mathrm{relu}'(z_3) \frac{\partial z_1}{\partial W_1}$$

当$z \le 0$时，上述的梯度值为0。在深度网络中，这可以使得一部分神经元不再更新参数从而失去活性，使得网络模型变得稀疏，在一定程度上提高了网络提取特征的能力。当然，如果网络太过稀疏，就会使得网络失效。所以在网络设计时，要注意这个问题。

当$z > 0$时，上述的梯度值为

$$\frac{\partial C}{\partial W_1} = \frac{\partial C}{\partial h_3} \frac{\partial z_3}{\partial h_2} \frac{\partial z_2}{\partial h_1} \frac{\partial z_1}{\partial W_1}$$

这相当于relu函数没有参与梯度的运算，从而在一定程度上消除了梯度消失的问题。并且，经大量实验证明，relu函数为神经网络引入的非线性元素比sigmoid更有效，从而relu函数成为了目前在深度网络中使用最广泛的激活函数。

7.3.8　全连接网络与卷积神经网络

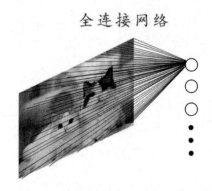

图 7.21　全连接网络

全连接网络（Fully Connected Network）指的是神经网络每两层之间所有神经元相互连接。这使得网络中的参数过多，难以计算，并且使得网络特征提取能力降低。如图7.21所示，假设输入图像的尺寸为1000像素×1000像素，这代表网络输入层有10^6个特征。假设其第1个隐藏层有10^6个隐藏单元（图中圆圈表示隐藏层神经元），则仅第1层需要训练的参数就有$10^6 \times 10^6 = 10^{12}$个。

因此，在深度学习尤其是基于深度学习的图像特征提取中，常用的是卷积神经网络（Convolutional Neural Network, CNN），如图7.22所示，圆圈代表隐藏层神经元。卷积神经网络在神经网络中加入了一个或多个卷积层，卷积层中有一个或多个滤波器（卷积核），输入数据和滤波器卷积后，卷积结果和隐藏层相连，相连的线代表权重参数W。

在这里，我们回忆一下前面介绍二维卷积。二维卷积是一个滤波器在图像上逐步滑动并相乘然后求和的过程。卷积有效地利用了图像的局部信息，对图像

图 7.22　卷积神经网络

进行了增强。在卷积神经网络中，卷积的过程和第5章中描述的二维卷积是一致的。不同的是，第5章中所使用的滤波器都是预先定义好的。而卷积神经网络中的滤波器参数（W，b）是通过训练网络得到的。

如图7.22所示，在卷积神经网络中，滤波器每滑动一次，就把卷积结果与对应的隐藏层神经元相连，而不是把每一次滑动的卷积结果与所有的隐藏层神经元相连，从而对训练参数做了大幅精简。在图7.22所示的卷积神经网络中，假设其输入图像尺寸为1000像素×1000像素，滤波器尺寸为10像素×10像素，则第1个隐藏层共需要训练的参数为$10 \times 10 \times 10^6 = 10^8$个。注：卷积前后的图像尺寸是不变的，所以卷积神经网络的第1个隐藏层的神经元数量和输入图像的像素数量是一致的。

图7.23描述了一个简单的、用于分类的卷积神经网络。

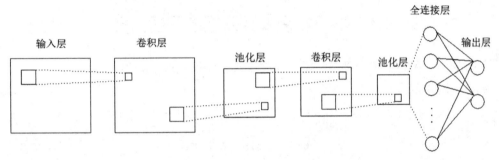

图 7.23　分类卷积神经网络

卷积神经网络的工作流程可以简单描述如下。

（1）准备好一批训练数据，例如，1批200像素×200像素的人脸图像。设置好输出层的值（正解）。假设图7.23所示的网络用于判别人脸图像的性别，则当训练图像为男性时，可将输出层两个节点的值设置为1和0；当训练图像为女性时，可将输出层两个节点的值设置为0和1。

（2）将训练图像依次放入输入层（图片的每一个像素作为一个特征放入输入层的一个神经元），用误差反向传播法迭代更新网络参数W和b，直到代价函数小于设定的阈值。

（3）将测试图像放入训练好的网络（W和b达到最优）的输入层。

（4）采用卷积操作，对图像（特征）进行增强，将增强后的图像（特征）放入卷积层。

（5）采用池化操作，对卷积层的特征进行选取（降维），将选取后的特征放入池化层。注：池化是一个很简单的操作，比如对相邻4个像素（特征）取最大值进而保留1个像素（特征）。池化降维的幅度一般是2的倍数。比如一幅100像素×100像素的图像（特征）经过池化变为50像素×50像素。

（6）重复（4）和（5）直至来到网络的最后一个池化层，将该池化层中的2维特征转化为1维，放入全连接层，比如把25像素×25像素的特征转化为1像素×625像素，则全连接层有625个神经元。全连接层与输出层进行全连接，根据输出层两个神经元的可能值判断输入图像的性别。

分类卷积神经网络输出层可以采用sigmod作为激活函数。但在多分类问题中，使用更多的是softmax函数。此外，也可以将最后一个池化层的特征直接拿来用于一些流行的分类器进行分类，如SVM等。

卷积神经网络通常会有多个全连接层，对特征进行进一步的提取，然后把最后一个全连接层的输出作为最终的特征。由于卷积神经网络的特征提取是基于滤波器（卷积核）的，滤波器处理的是滤波窗口内的信息，也就是说，卷积神经网络的"感受野"是受限的。使用多个全连接层，将卷积和池化得到的所有"局部特征"全连接起来，相当于获得了"全局"特征，在一定程度上可以解决卷积神经网络的"感受野"问题。

卷积神经网络也可以用于回归,例如著名的目标检测网络Yolo就是回归卷积神经网络。回归卷积神经网络的输出值是检测目标为实际目标的可能性。

7.4　基于卷积神经网络的图像分类

下面我们采用卷积神经网络技术，对图像进行特征提取及分类。

实现代码如下：

```
import numpy as np
from     tensorflow.keras.applications.resnet50     import     ResNet50 ,
preprocess_input, decode_predictions
from tensorflow.keras.preprocessing import image

# 调用 TensorFlow 提供的残差卷积神经网络 ResNet50，权重选用 imagenet
model = ResNet50(weights='imagenet')
img_path = 'dog.jpg'
# 加载图片，输入尺寸设为 224 像素*224 像素
img = image.load_img(img_path, target_size=(224, 224))
# 将图片转为数组
x = image.img_to_array(img)
# 增加一维
x = np.expand_dims(x, axis=0)
# 对输入的数据进行预处理
x = preprocess_input(x)
# 进行预测
result = model.predict(x)
# 输出结果,选取匹配得分最高的前三个
print('predicted result:', decode_predictions(result, top=3))
```

该实验使用了残差神经网络。这里对残差网络做一个简单的介绍。残差网络的出现,

主要是为了解决两个问题：第一，深层神经网络梯度消失问题；第二，更深的网络反而比浅的网络表现差，又称为网络退化问题。

1. 残差网络解决深层神经网络梯度消失问题

在relu激活函数一节中，我们了解到，当relu函数导数值为1时，代价函数对W_1求偏导可以表示为

$$\frac{\partial C}{\partial W_1} = \frac{\partial C}{\partial h_3}\frac{\partial z_3}{\partial h_2}\frac{\partial z_2}{\partial h_1}\frac{\partial z_1}{\partial W_1}$$

虽然relu函数极大缓解了梯度消失问题，但在上面的公式中，仍然是很多个偏导数的乘积。网络越深，需要相乘的数越多。当其中一些偏导数很小时，梯度仍然可能为0。残差网络将网络改进为如图7.24所示。

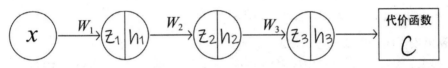

图 7.24　改进后的残差网络

残差网络将神经元的输入和输出做了一个短接（Shortcut）。注：短接的层数可自行设计。每一次短接构成一个残差块。多个残差块共同构成一个残差网络。将relu(w_l)表示为F_l，其中l为层数，则残差网络的定义如下。

$$h_1 = F_1(x) + x$$
$$h_2 = F_2(h_1) + h_1 = F_2(h_1) + F_1(x) + x$$
$$h_3 = F_3(h_2) + h_2 = F_3(h_2) + F_2(h_1) + F_1(x) + x$$

则可得

$$\frac{\partial C}{\partial x} = \frac{\partial C}{\partial h_3}\frac{\partial h_3}{\partial x}$$
$$= \frac{\partial C}{\partial h_3}\left(\frac{\partial x}{\partial x} + \frac{F_3(h_2) + F_2(h_1) + F_1(x)}{\partial x}\right)$$
$$= \frac{\partial C}{\partial h_3}\left(1 + \frac{F_3(h_2) + F_2(h_1) + F_1(x)}{\partial x}\right)$$

上式为0的条件非常苛刻，需要$\frac{\partial C}{\partial h_3} = 0$或者$\frac{F_3(h_2)+F_2(h_1)+F_1(x)}{\partial x} = -1$，从而控制了深层网络梯度消失的问题。

2. 残差网络解决网络退化问题

要解决网络退化问题，我们首先要保证深的网络不能比浅的差。那么就可以设计一个

恒等映射$H(x)=x$，让失效的或者说引起性能下降的网络层的输出等于输入，则可保证深的网络的性能至少等于浅的网络。但是将整个网络表示为$H(x)=x$则难以实现。于是残差网络采用了$H(x)=F(x)+x$来表示网络。在失效的层中让其逼近0；在有效的层中，用$F(x)+x$来拟合网络。在这里，x表示观测值，$H(x)$表示预测值，$F(x)=H(x)-x$则为观测值与预测值的差，也就是残差。这也是残差网络名称的由来。注：残差与误差不同。误差为观测值与真实值的差。

7.5　章节练习

1. 写出函数$y=3x$的梯度下降过程。

2. 已知

$$X_1^1=[150 \quad 100]^T \quad X_2^1=[200 \quad 150]^T$$
$$X_1^2=[250 \quad 10]^T \quad X_2^2=[250 \quad 60]^T$$

计算出投影向量以及投影后的X。

3. 根据表7.3，计算出对应的混淆矩阵、准确率、精确度、召回率、F1分数。

表7.3　题3

真实值（true）	小明	小明	小明	小李	小李	小李	小王	小王	小王	小王
预测值（predcited）	小明	小明	小李	小李	小明	小王	小王	小王	小明	小李

8 图像分割

8.1 基本概念

图像分割是指将图像中具有特殊意义的不同区域划分开来，这些区域是不交互的，每个区域满足某种相似性准则。

8.2 基于直方图分析的图像分割

本节介绍一种最简单的图像分割方法——基于直方图分析的图像分割，该方法实现步骤如下：

（1）读取原图像。

（2）将原图像转换为灰度图像。

（3）对灰度图像进行直方图均衡化。

（4）计算均衡化后的直方图，观察该直方图，取波谷处横轴的坐标作为分割阈值。

（5）将灰度图像中灰度值小于分割阈值的像素的灰度值置为0，将灰度图像中灰度值大于分割阈值的像素的灰度值置为255，实现图像的二值分割。

上述步骤最后得到的分割效果，如图8.1所示。

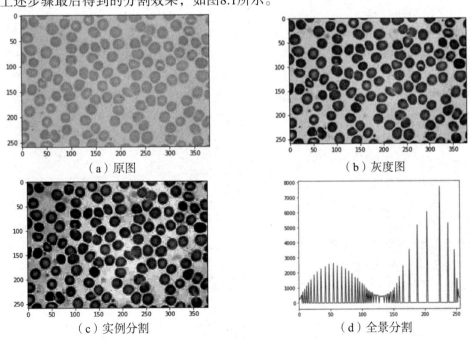

（a）原图　　　　　　　　　　　　（b）灰度图

（c）实例分割　　　　　　　　　　（d）全景分割

图 8.1　基于直方图分析的图像分割

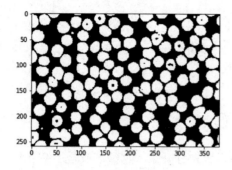

（e）阈值分割

图 8.1　基于直方图分析的图像分割（续）

实现代码：

```
import cv2
import matplotlib.pyplot as plt
#读取原图像
img = cv2.imread('red.jpg')
#转换为灰度图像
gray = cv2.cvtColor(img, cv2.COLOR_BGR2GRAY)
#直方图均衡化
equ = cv2.equalizeHist(gray)
# 显示原图
plt.imshow(img[:, :, ::-1])
# 显示灰度图
plt.imshow(gray, cmap='gray')
#显示直方图均衡化后的图像
plt.imshow(equ, cmap='gray')
#计算均衡化后的直方图
hist = cv2.calcHist([equ], [0], None, [256], [0, 256])
plt.figure(figsize=(14, 5))
plt.plot(hist)
plt.xlim([0, 256])
plt.show()
#观察均衡化后的直方图,采用波谷处的横坐标(约为130)作为分割阈值
ret, thresh = cv2.threshold(equ, 130, 255, cv2.THRESH_BINARY_INV)
#显示分割后的图像
plt.imshow(thresh, cmap='gray')
plt.show()
```

8.3 基于神经网络的图像分割

图像分割任务分类

8.3.1 任务类别

图像分割任务分类，如图8.2所示。

（a）原图

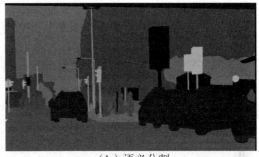

（b）语义分割

（c）实例分割

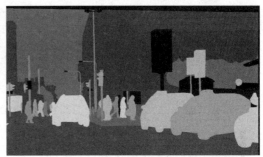

（d）全景分割

图 8.2　图像分割任务分类

任务主要分为三种类型。

（1）语义分割（Semantic Segmentation）：对图像中的每个像素点进行分类。

（2）实例分割（Instance Segmentation）：在图像中对需要分割的目标进行实例区分，再对实例区域中的像素点进行分类。

（3）全景分割（Panoptic Segmentation）：是语义分割和实例分割的结合，对图像中的每个像素点（包括背景）进行分类的同时，还要给同类对象进行实例区分。

8.3.2 应用场景

根据不同的任务，近年来较为流行的应用场景有以下几种。

（1）人像抠图：人脸分割、人体分割、背景分割。

（2）医学影像：血管分割、病灶分割、肿瘤分割。

（3）自动驾驶：行人分割、车辆分割、障碍物分割、车道线分割。

8.3.3 语义分割模型 DeepLabV3Plus

DeepLab系列是语义分割领域非常著名的模型，该系列一共发表了4个模型：DeepLabV1（2015）、DeepLabV2（2017）、DeepLabV3（2017）、DeepLabV3Plus（2018）。本节主要讲解DeepLabV3Plus的实现。DeepLabV3Plus通过Encoder-Decoder进行多尺度信息的融合，同时保留了原来的空洞卷积和ASSP层，其骨干网络使用了Xception模型。整体结构如图8.3所示。

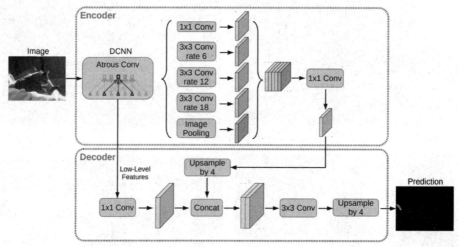

图 8.3　DeepLabV3Plus 网络结构

DeepLabV3Plus
图像分割效果

我们可以使用TensorFlow调用一个基于cityscapes数据集所训练出来的DeepLabV3Plus模型进行语义分割实验，得到如图8.4所示的效果。

（a）原图

（b）分割效果

图 8.4　DeepLabV3Plus 图像分割效果

实现代码如下：

```
import tensorflow as tf
from tensorflow.keras.applications.resnet50 import preprocess_input
```

```python
from    tensorflow.python.keras.preprocessing.image    import    load_img ,
img_to_array
import numpy as np
import cv2
import json


def pipeline(image, output_name=''):
    # 分割结果的透明度
    alpha = 0.5
    # 将图像调整为1600像素*800像素
    image = cv2.resize(image, (1600, 800))
    x = image.copy()
    # 对图像进行分割处理
    z = model(preprocess_input(np.expand_dims(x, axis=0)))
    # 处理分割结果
    z = np.squeeze(z)
    y = np.argmax(z, axis=2)

    # 将分割结果覆盖到原图之上
    img_color = image.copy()
    for i in np.unique(y):
        key = str(i)
        if key in id_to_color:
            img_color[y == i] = id_to_color[key]

    cv2.addWeighted(image, alpha, img_color, 1 - alpha, 0, img_color)
    # 保存结果图片
    cv2.imwrite(f'cityscapes/outputs/{output_name}'                          ,
cv2.cvtColor(img_color, cv2.COLOR_RGB2BGR))


if __name__ == '__main__':
    # 加载模型
    model                                                                    =
tf.saved_model.load('cityscapes/deeplabv3_plus_cityscapes_model')

    # 加载分割类别所对应的颜色
    with open('cityscapes/cityscapes_id_to_color.json') as f:
```

```
        id_to_color = json.load(f)
    # 加载图片
    test = load_img('cityscapes/test.png')
    test = img_to_array(test)
    # 分割
    pipeline(test, output_name='test.png')
```

8.3.4 使用 PaddlePaddle 训练 DeepLabV3Plus 模型

在上面的例子中，我们直接使用了训练好的模型。为了让大家全面了解深度学习"构建（读取）模型->训练模型->使用训练好的模型进行预测"的全过程，下面介绍一个使用百度飞桨进行语义分割的例子。

（1）在百度飞桨网站上下载开源的cityscape数据集，将下载好的数据集放到训练文件的同级目录的data文件夹下。

下载地址：https://aistudio.baidu.com/datasetdetail/11503

（2）语义分割训练代码实现：

```
import paddle
import paddleseg.transforms as T
from paddleseg.datasets import Cityscapes
from paddleseg.models import DeepLabV3P
from paddleseg.models.backbones.resnet_vd import ResNet50_vd
from paddleseg.core import train, evaluate
from paddleseg.models.losses import CrossEntropyLoss


# 构建训练用的数据增强和预处理
train_transforms = [
    T.RandomPaddingCrop(crop_size=(1024, 512)),
    T.RandomHorizontalFlip(),
    T.Normalize(mean=[0.485, 0.456, 0.406],
            std=[0.229, 0.224, 0.225])
]
val_transforms = [
    T.Resize(target_size=(512, 512)),
    T.Normalize(mean=[0.485, 0.456, 0.406],
            std=[0.229, 0.224, 0.225])
]
```

```
test_transforms = val_transforms

# 加载数据集
train_dataset = Cityscapes(dataset_root='data/cityscapes', mode='train',
transforms=train_transforms)
val_dataset = Cityscapes(dataset_root='data/cityscapes', mode='val',
transforms=train_transforms)
test_dataset = Cityscapes(dataset_root='data/cityscapes', mode='test',
transforms=train_transforms)

# 读取 resnet 模型
pretrained_model                                                           =
'https://bj.bcebos.com/paddleseg/dygraph/resnet50_vd_ssld_v2.tar.gz'
resnet = ResNet50_vd(output_stride=32, pretrained=pretrained_model)
# 定义模型
model = DeepLabV3P(num_classes=19, backbone=resnet)
# 定义学习率和损失函数
base_lr = 0.01
lr    =    paddle.optimizer.lr.PolynomialDecay(base_lr  ,  power=0.9  ,
decay_steps=10000, end_lr=0)
optimizer = paddle.optimizer.Momentum(lr, parameters=model.parameters(),
momentum=0.9, weight_decay=4.0e-5)
losses = {'types': [CrossEntropyLoss()], 'coef': [1]}
# 开始模型训练
train(
    model=model,
    train_dataset=train_dataset,
    val_dataset=val_dataset,
    optimizer=optimizer,
    save_dir='output',
    iters=1000,
    batch_size=4,
    save_interval=100,
    log_iters=10,
    num_workers=5,
    losses=losses,
    use_vdl=True)
```

```
# 模型验证
evaluate(model, val_dataset)
```

（3）加载训练好的模型进行预测：

```python
import os
import paddle
from paddleseg.core import predict
import paddleseg.transforms as T
from paddleseg.models import ResNet50_vd, DeepLabV3P


# 读取预测图像函数
def get_image_list(image_path):
    """Get image list"""
    valid_suffix = [
        '.JPEG', '.jpeg', '.JPG', '.jpg', '.BMP', '.bmp', '.PNG', '.png'
    ]
    image_list = []
    image_dir = None
    if os.path.isfile(image_path):
        if os.path.splitext(image_path)[-1] in valid_suffix:
            image_list.append(image_path)
    elif os.path.isdir(image_path):
        image_dir = image_path
        for root, dirs, files in os.walk(image_path):
            for f in files:
                if os.path.splitext(f)[-1] in valid_suffix:
                    image_list.append(os.path.join(root, f))
    else:
        raise FileNotFoundError(
            '`--image_path` is not found. it should be an image file or a
directory including images'
        )
    if len(image_list) == 0:
        raise RuntimeError('There are not image file in `--image_path`')
    return image_list, image_dir
# 加载需要分割的图像，也可以是文件夹：data/cityscapes/leftImg8bit/test/berlin
image_list, image_dir = get_image_list(
```

```
'data/cityscapes/leftImg8bit/test/berlin/berlin_000000_000019_leftImg8bi
t.png')

# 模型预测数据增强方案
test_transforms = [
    T.Resize(target_size=(1024, 512)),
    T.Normalize(mean=[0.485, 0.456, 0.406],
            std=[0.229, 0.224, 0.225])
]

# resnet 模型
pretrained_model                                                        =
'https://bj.bcebos.com/paddleseg/dygraph/resnet50_vd_ssld_v2.tar.gz'
    resnet = ResNet50_vd(output_stride=32, pretrained=pretrained_model)
# 定义模型
model = DeepLabV3P(num_classes=19, backbone=resnet)

# 读取训练好的模型
model_path = 'output/best_model/model.pdparams'
if model_path:
    para_state_dict = paddle.load(model_path)
    model.set_dict(para_state_dict)
    print('Loaded trained params of model successfully')
else:
    raise ValueError('The model_path is wrong: {}'.format(model_path))
# 开始预测
predict(
        model,
        model_path='output/best_model/model.pdparams',
        transforms=T.Compose(test_transforms),
        image_list=image_list,
        image_dir=image_dir,
        save_dir='output/results'
    )
```

下面使用百度飞桨图像分割套件PaddleSeg训练DeepLabV3Plus实例分割和全景分割。

（1）在gitee下载百度飞桨开源的PaddleSeg套件：

下载地址：https://gitee.com/paddlepaddle/PaddleSeg.git

（2）下载后打开PaddleSeg项目，将下载好的cityscape数据集放在contrib/PanopticDeepLab/data文件夹下。

（3）在PyCharm终端（Terminal）使用以下命令训练和预测DeepLabV3Plus模型：

```
# 进入全景分割项目文件夹
cd contrib/PanopticDeepLab


# 训练
# 参数解析：--config,配置文件,包括DeepLabV3Plus模型的backbone,数据增强方案,训
练数据路径,训练次数,学习率和损失函数等;--do_eval,训练过程中是否执行模型评估;--use_vdl
训练的时候是否要写入到visualDL;--save_interval,每训练指定次数保存一次模型;--save_dir,
模型保存路径。


python     -m     paddle.distributed.launch     train.py     --config
configs/panoptic_deeplab/panoptic_deeplab_resnet50_os32_cityscapes_1025x513
_bs8_90k_lr00005.yml --do_eval --use_vdl --save_interval 5000 --save_dir output


# 预测
# 参数解析：--config,配置文件;--model_path,训练好的模型存放文件夹;--image_path,
需要执行预测分割的图像路径;--save_dir,预测结果保存文件夹


python     -m     paddle.distributed.launch     predict.py     --config
configs/panoptic_deeplab/panoptic_deeplab_resnet50_os32_cityscapes_1025x513
_bs8_90k_lr00005.yml     --model_path     output/iter_90000/model.pdparams
--image_path data/cityscapes/leftImg8bit/val/ --save_dir ./output/result
```

DeepLabV3Plus分割效果，如图8.5所示。

（a）原图

图 8.5　DeepLabV3Plus 分割效果

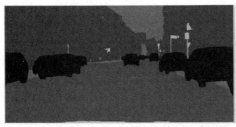

（b）DeepLabV3Plus 语义分割效果

（c）DeepLabV3Plus 全景分割效果

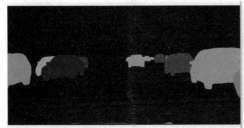

（d）DeepLabV3Plus 实例分割效果

图 8.5　DeepLabV3Plus 分割效果（续）

DeepLabV3Plus
分割效果

8.4　章节练习

1．从网上下载一幅图片，编程实现基于直方图的图像分割。

2．从网上下载一幅图片，编程实现语义分割、实例分割、全景分割。

9 图像修复

9.1 基本概念

图像修复（Image Inpainting）本质就是力求保持图像的本来面目，以保真原则为前提，找出图像降质的原因，描述其物理过程，提出数学模型，根据该模型重建或恢复被退化的图像，是一个典型的逆问题（Inverse Problems）。

9.2 图像修复的研究领域

1. 降噪

图像降噪（Image Denoising）是指减少数字图像中噪声的过程，有时候又称为图像去噪。噪声是图像干扰的重要原因。一幅图像在实际应用中可能存在各种各样的噪声，这些噪声可能在传输过程中产生，也可能在量化等处理过程中产生。根据噪声和信号的关系可将其分为三种形式（$f(x,y)$表示给定原始图像，$g(x,y)$表示图像信号，$n(x,y)$表示噪声）：

（1）加性噪声，此类噪声与输入图像信号无关，含噪图像可表示为$f(x,y)=g(x,y)+n(x,y)$，信道噪声及采用光导摄像管的摄像机扫描图像时产生的噪声就属这类噪声。

（2）乘性噪声，此类噪声与图像信号有关，含噪图像可表示为$f(x,y)=g(x,y)+n(x,y)g(x,y)$，飞点扫描器扫描图像时产生的噪声，电视图像中的相干噪声，胶片中的颗粒噪声就属于此类噪声。

（3）量化噪声，此类噪声与输入图像信号无关，是量化过程存在量化误差，再反映到接收端而产生的。

降噪，又称为去噪，是一个经典的图像修复研究方向。其实在第0章中曾经讲到图像降噪，采用的主要手段是滤波算法，第0章也有讲到降噪的相关实现，主要是非线性变换算法。

2. 去模糊（Deblurring）

图像去模糊方法主要包含盲去模糊（Blind Deblurring）和非盲去模糊（Non-blind Deblurring），区别在于模糊核是否已知。传统的图像去模糊算法利用了多种先验知识，如全变差（Total Variation）、重尾梯度先验（Heavy-tailed Gradient Prior）等。随着深度学习技术的迅猛发展，人们也提出了基于CNN、基于GAN和基于RNN的用于图像去模糊的方法，比较著名的有DeblurGAN和DeblurGAN-v2等，而这些方法都专注于从模糊图像中恢复清晰图像本身，而忽略了图像模糊这个源头，因此并没有对图像模糊过程进行建模；同时由于数据集的稀缺，很多方法都采用了数据增强的方式来增加数据样本，但是大多数情况下合成的模糊图像与真实图像相差甚远。

3. 去雾（Dehazing）

光在雾、霾等介质中传播时，由于粒子的散射作用导致成像传感器采集的图像信息严重降质，在很大程度上限制了图像的应用价值。图像去雾（Image Dehazing）的目的是消除雾霾环境对图像质量的影响，增加图像的可视度，是图像处理和计算机视觉领域共同关切的前沿课题，吸引了国内外研究人员的广泛关注。

传统的去雾方法主要是基于先验知识的，主要有暗通道先验（Dark Channel Prior，DCP）方法、最大对比度（Maximum Contrast，MC）方法、颜色衰减先验（Color Attenuation Prior，CAP）方法、色度不一致方法。

由于神经网络在检测、识别等任务上取得了很大的进展，所以研究人员开始尝试用基于深度学习的方法取代传统的图像去雾方法。其方法主要可以分为两种，一种是基于大气退化模型，利用神经网络对模型中的参数进行估计，早期的方法大多数是基于这种思想的；另一种是利用输入的有雾图像，直接输出得到去雾后的图像。目前最新的去雾方法更倾向于后者。

4. 超分辨率

图像超分辨率（Image Super Resolution）是指由一幅低分辨率图像或图像序列恢复出高分辨率图像。图像超分辨率技术分为超分辨率复原和超分辨率重建。目前，图像超分辨率研究可分为3个主要范畴：基于插值、基于重建和基于学习的方法。

9.3　基于深度学习的图像修复

基于深度学习的图像修复技术旨在恢复残缺图像中损坏部分的像素特征，在许多计算机视觉应用领域中发挥关键作用，是当前深度学习领域的一大研究热点。根据修复网络结构进行分类，分为基于卷积自编码网络结构的图像修复方法、基于生成式对抗网络结构的图像修复方法和基于循环神经网络的图像修复方法。这三种方法的总结如表9.1所示。

表 9.1　基于深度学习的图像修复方法总结

方法	主要特点	存在的问题	训练样本	主要应用领域
基于卷积自编码网络结构的图像修复方法	研究最广泛，可处理高分辨率图像；参数简单，网络结构扩展性强；如果训练生成同分辨率的网络则可以方便修复图像的任何区域	纹理修复有困难	可以在几千幅特定类型的图像数据集上收敛；也可以在数万幅多样性样本的图像数据集上收敛	自然图像修复
基于生成式对抗网络结构的图像修复方法	可以生成清晰、真实的样本图像；在缺失大量数据时可以取得好的修复结果	会出现轮廓不连续的问题，有时训练收敛比较困难	特定类型的样本；低分辨率样本	特定类型图像的清晰修复
基于循环神经网络的图像修复方法	可以生成结构连贯的修复结果图像	修复结果容易出错；现有结构对于高分辨率、大样本数据集不理想	特定类型的样本；低分辨率样本	特定类型图像的多样性修复

9.4　图像修复模型 CMFNet

　　大多数基于图像恢复方法都是针对一种退化类型提出的，缺乏通用性。CMFNet旨在提出一个通用框架能够完成多个修复任务，根据学习的不同类型实现了去模糊、去雾、去雨水等不同的图像恢复功能。CMFNet主要架构，如图9.1所示。

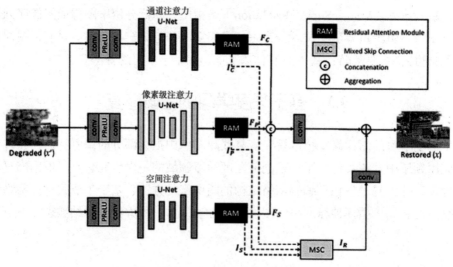

图 9.1　CMFNet 主要架构

　　受人类视觉系统的启发，复杂的视觉神经网络的接收器是RGC，由三种细胞组成：P-cells、K-cells、M-cells。它们对外部不同的刺激有不同的敏感度，P-cells对图像的形状和颜色敏感，K-cells主要对颜色变化更敏感，M-cells只传输明暗信号，在低空间频率比在高空间频率更敏感。CMFNet基于此提出多分支修复网络，完成图像去雾、去雨和去模糊的任务。由三个分支分别模拟在接收到来自锥细胞和杆状细胞的信号后P-细胞、M-细胞和K-细胞的行动。

CMFNet用简单的块结构将多个复杂块叠加到多个分支中，使用不同的注意力模块来替换每个分支中的原始卷积，分离出不同的注意特征，如图9.2和图9.3所示。

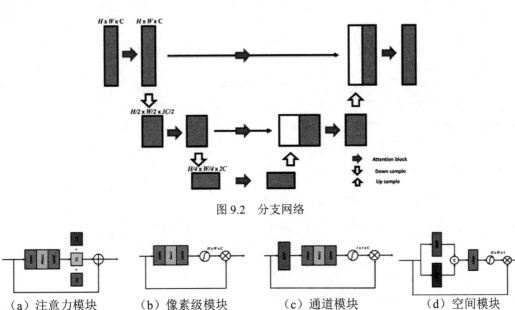

图9.2 分支网络

（a）注意力模块　　（b）像素级模块　　（c）通道模块　　（d）空间模块

图9.3 注意力模块

CMFNet提出了一种混合跳跃连接（MSC），用MSC来代替传统的跳转连接，将传统的残差连接替换为一个可学习的常数，使得残差学习在不同的恢复任务下更加灵活，并使用MSC集成了每个分支的RAM输出图像，如图9.4所示。

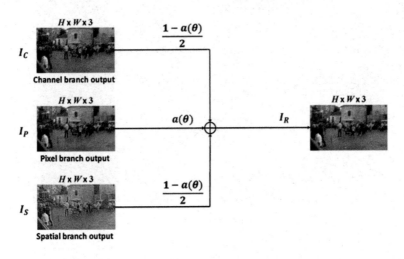

图9.4 混合跳跃连接

下面通过代码来实现CMFNet，并引用预训练模型对图像进行修复。

1. 构建模型：CMFNet.py 文件

（1）基础模块

```
import paddle
import paddle.nn as nn


def conv(in_channels, out_channels, kernel_size, bias_attr=False, stride=1):
    layer = nn.Conv2D(in_channels , out_channels , kernel_size ,
padding=(kernel_size // 2), bias_attr=bias_attr,
                      stride=stride)
    return layer
```

（2）注意力模块Spatial Attention

```
## Spatial Attention
class SALayer(nn.Layer):
    def __init__(self, kernel_size=7):
        super(SALayer, self).__init__()
        self.conv1 = nn.Conv2D(2, 1, kernel_size, padding=kernel_size // 2,
bias_attr=False)
        self.sigmoid = nn.Sigmoid()


    def forward(self, x):
        avg_out = paddle.mean(x, axis=1, keepdim=True)
        max_out = paddle.max(x, axis=1, keepdim=True)
        y = paddle.concat([avg_out, max_out], axis=1)
        y = self.conv1(y)
        y = self.sigmoid(y)
        return x * y



# Spatial Attention Block (SAB)
class SAB(nn.Layer):
    def __init__(self, n_feat, kernel_size, reduction, bias_attr, act):
        super(SAB, self).__init__()
        modules_body = [conv(n_feat,n_feat,kernel_size,bias_attr=bias_attr),
```

```
act,
                    conv(n_feat,n_feat,kernel_size,bias_attr=bias_attr)]
        self.body = nn.Sequential(*modules_body)
        self.SA = SALayer(kernel_size=7)


    def forward(self, x):
        res = self.body(x)
        res = self.SA(res)
        res += x
        return res
```

（3）注意力模块Pixel Attention

```
## Pixel Attention
class PALayer(nn.Layer):
    def __init__(self, channel, reduction=16, bias_attr=False):
        super(PALayer, self).__init__()
        self.pa = nn.Sequential(
            nn.Conv2D(channel , channel // reduction , 1 , padding=0 ,
bias_attr=bias_attr),
            nn.ReLU(),
            nn.Conv2D(channel // reduction , channel , 1 , padding=0 ,
bias_attr=bias_attr), # channel <-> 1
            nn.Sigmoid()
        )


    def forward(self, x):
        y = self.pa(x)
        return x * y



    ## Pixel Attention Block (PAB)
    class PAB(nn.Layer):
        def __init__(self, n_feat, kernel_size, reduction, bias_attr, act):
        super(PAB, self).__init__()
        modules_body = [conv(n_feat,n_feat,kernel_size,bias_attr=bias_attr),
act,
                    conv(n_feat,n_feat,kernel_size,bias_attr=bias_attr)]
```

```
        self.PA = PALayer(n_feat, reduction, bias_attr=bias_attr)
        self.body = nn.Sequential(*modules_body)

    def forward(self, x):
        res = self.body(x)
        res = self.PA(res)
        res += x
        return res
```

（4）注意力模块Channel Attention Layer

```
## Channel Attention Layer
class CALayer(nn.Layer):
    def __init__(self, channel, reduction=16, bias_attr=False):
        super(CALayer, self).__init__()
        # global average pooling: feature --> point
        self.avg_pool = nn.AdaptiveAvgPool2D(1)
        # feature channel downscale and upscale --> channel weight
        self.conv_du = nn.Sequential(
            nn.Conv2D(channel, channel // reduction, 1, padding=0,
bias_attr=bias_attr),
            nn.ReLU(),
            nn.Conv2D(channel // reduction, channel, 1, padding=0,
bias_attr=bias_attr),
            nn.Sigmoid()
        )

    def forward(self, x):
        y = self.avg_pool(x)
        y = self.conv_du(y)
        return x * y


## Channel Attention Block (CAB)
class CAB(nn.Layer):
    def __init__(self, n_feat, kernel_size, reduction, bias_attr, act):
        super(CAB, self).__init__()
        modules_body = [conv(n_feat,n_feat,kernel_size,bias_attr=bias_attr),
```

```
act,
                        conv(n_feat,n_feat,kernel_size,bias_attr=bias_attr)]

        self.CA = CALayer(n_feat, reduction, bias_attr=bias_attr)
        self.body = nn.Sequential(*modules_body)

    def forward(self, x):
        res = self.body(x)
        res = self.CA(res)
        res += x
        return res
```

（5）图像缩放模块，主要是上采样、下采样以及上采样和跳跃连接

```
class UpSample(nn.Layer):
    """
    上采样
    """

    def __init__(self, in_channels, s_factor):
        super(UpSample, self).__init__()
        self.up = nn.Sequential(nn.Upsample(scale_factor=2,mode='bilinear',
align_corners=False),
                        nn.Conv2D(in_channels + s_factor, in_channels,
1, stride=1, padding=0, bias_attr=False))

    def forward(self, x):
        x = self.up(x)
        return x


class SkipUpSample(nn.Layer):
    """
    上采样 + 跳跃连接
    """

    def __init__(self, in_channels, s_factor):
        super(SkipUpSample, self).__init__()
```

```
            self.up = nn.Sequential(nn.Upsample(scale_factor=2, mode='bilinear',
align_corners=False),

                            nn.Conv2D(in_channels + s_factor, in_channels,
1, stride=1, padding=0, bias_attr=False))


        def forward(self, x, y):
            x = self.up(x)
            x = x + y
            return x
```

（6）U-Net。使用对称的Encoder和Decoder，对应层级之间相互连接

```
    class Encoder(nn.Layer):
        """
        U-NET 编码
        """


        def __init__(self, n_feat, kernel_size, reduction, act, bias_attr,
scale_unetfeats, block, bn=2):
            super(Encoder, self).__init__()
            if block == 'CAB':
                self.encoder_level1 = [CAB(n_feat, kernel_size, reduction,
bias_attr=bias_attr, act=act) for _ in range(bn)]
                self.encoder_level2 = [CAB(n_feat + scale_unetfeats, kernel_size,
reduction, bias_attr=bias_attr, act=act)
                                    for _ in range(bn)]
                self.encoder_level3 = [
                    CAB(n_feat + (scale_unetfeats * 2), kernel_size, reduction,
bias_attr=bias_attr, act=act) for _ in
                    range(bn)]
            elif block == 'PAB':
                self.encoder_level1 = [PAB(n_feat, kernel_size, reduction,
bias_attr=bias_attr, act=act) for _ in range(bn)]
                self.encoder_level2 = [PAB(n_feat + scale_unetfeats, kernel_size,
reduction, bias_attr=bias_attr, act=act)
                                    for _ in range(bn)]
                self.encoder_level3 = [
                    PAB(n_feat + (scale_unetfeats * 2), kernel_size, reduction,
```

```python
                bias_attr=bias_attr, act=act) for _ in
                    range(bn)]
        elif block == 'SAB':
            self.encoder_level1 = [SAB(n_feat, kernel_size, reduction,
bias_attr=bias_attr, act=act) for _ in range(bn)]
            self.encoder_level2 = [SAB(n_feat + scale_unetfeats, kernel_size,
reduction, bias_attr=bias_attr, act=act)
                            for _ in range(bn)]
            self.encoder_level3 = [
                SAB(n_feat + (scale_unetfeats * 2), kernel_size, reduction,
bias_attr=bias_attr, act=act) for _ in
                    range(bn)]
        self.encoder_level1 = nn.Sequential(*self.encoder_level1)
        self.encoder_level2 = nn.Sequential(*self.encoder_level2)
        self.encoder_level3 = nn.Sequential(*self.encoder_level3)
        self.down12 = DownSample(n_feat, scale_unetfeats)
        self.down23 = DownSample(n_feat + scale_unetfeats, scale_unetfeats)

    def forward(self, x):
        enc1 = self.encoder_level1(x)
        x = self.down12(enc1)
        enc2 = self.encoder_level2(x)
        x = self.down23(enc2)
        enc3 = self.encoder_level3(x)
        return [enc1, enc2, enc3]


class Decoder(nn.Layer):
    """
    U-NET 解码
    """

    def __init__(self, n_feat, kernel_size, reduction, act, bias_attr,
scale_unetfeats, block, bn=2):
        super(Decoder, self).__init__()
        if block == 'CAB':
            self.decoder_level1 = [CAB(n_feat, kernel_size, reduction,
```

```
bias_attr=bias_attr, act=act) for _ in range(bn)]
        self.decoder_level2 = [CAB(n_feat + scale_unetfeats, kernel_size,
reduction, bias_attr=bias_attr, act=act)
                        for _ in range(bn)]
        self.decoder_level3 = [
            CAB(n_feat + (scale_unetfeats * 2), kernel_size, reduction,
bias_attr=bias_attr, act=act) for _ in
            range(bn)]
    elif block == 'PAB':
        self.decoder_level1 = [PAB(n_feat, kernel_size, reduction,
bias_attr=bias_attr, act=act) for _ in range(bn)]
        self.decoder_level2 = [PAB(n_feat + scale_unetfeats, kernel_size,
reduction, bias_attr=bias_attr, act=act)
                        for _ in range(bn)]
        self.decoder_level3 = [
            PAB(n_feat + (scale_unetfeats * 2), kernel_size, reduction,
bias_attr=bias_attr, act=act) for _ in
            range(bn)]
    elif block == 'SAB':
        self.decoder_level1 = [SAB(n_feat, kernel_size, reduction,
bias_attr=bias_attr, act=act) for _ in range(bn)]
        self.decoder_level2 = [SAB(n_feat + scale_unetfeats, kernel_size,
reduction, bias_attr=bias_attr, act=act)
                        for _ in range(bn)]
        self.decoder_level3 = [
            SAB(n_feat + (scale_unetfeats * 2), kernel_size, reduction,
bias_attr=bias_attr, act=act) for _ in
            range(bn)]
    self.decoder_level1 = nn.Sequential(*self.decoder_level1)
    self.decoder_level2 = nn.Sequential(*self.decoder_level2)
    self.decoder_level3 = nn.Sequential(*self.decoder_level3)
    if block == 'CAB':
        self.skip_attn1 = CAB(n_feat, kernel_size, reduction,
bias_attr=bias_attr, act=act)
        self.skip_attn2 = CAB(n_feat + scale_unetfeats, kernel_size,
reduction, bias_attr=bias_attr, act=act)
    if block == 'PAB':
```

```
            self.skip_attn1  =  PAB(n_feat ,  kernel_size ,  reduction ,
bias_attr=bias_attr, act=act)
            self.skip_attn2 = PAB(n_feat + scale_unetfeats, kernel_size,
reduction, bias_attr=bias_attr, act=act)
        if block == 'SAB':
            self.skip_attn1  =  SAB(n_feat ,  kernel_size ,  reduction ,
bias_attr=bias_attr, act=act)
            self.skip_attn2 = SAB(n_feat + scale_unetfeats, kernel_size,
reduction, bias_attr=bias_attr, act=act)
        self.up21 = SkipUpSample(n_feat, scale_unetfeats)
        self.up32 = SkipUpSample(n_feat + scale_unetfeats, scale_unetfeats)

    def forward(self, outs):
        enc1, enc2, enc3 = outs
        dec3 = self.decoder_level3(enc3)
        x = self.up32(dec3, self.skip_attn2(enc2))
        dec2 = self.decoder_level2(x)
        x = self.up21(dec2, self.skip_attn1(enc1))
        dec1 = self.decoder_level1(x)
        return [dec1, dec2, dec3]
```

（7）SAM模块

```
# Supervised Attention Module
class SAM(nn.Layer):
    def __init__(self, n_feat, kernel_size, bias_attr):
        super(SAM, self).__init__()
        self.conv1 = conv(n_feat, n_feat, kernel_size, bias_attr=bias_attr)
        self.conv2 = conv(n_feat, 3, kernel_size, bias_attr=bias_attr)
        self.conv3 = conv(3, n_feat, kernel_size, bias_attr=bias_attr)

    def forward(self, x, x_img):
        x1 = self.conv1(x)
        img = self.conv2(x) + x_img
        x2 = nn.functional.sigmoid(self.conv3(img))
        x1 = x1 * x2
        x1 = x1 + x
        return x1, img
```

（8）MSC模块

```
# Mixed Residual Module
class Mix(nn.Layer):
    def __init__(self, m=1):
        super(Mix, self).__init__()
        self.w       =       self.create_parameter([1     ,      ]     ,
default_initializer=nn.initializer.Constant(m))
        self.mix_block = nn.Sigmoid()


    def forward(self, fea1, fea2, feat3):
        factor = self.mix_block(self.w)
        other = (1 - factor) / 2
        output = fea1 * other + fea2 * factor + feat3 * other
        return output, factor
```

（9）CMFNet模型。利用上面编写的所有模块构建出完整的CMFNet模型

```
# CMFNet
class CMFNet(nn.Layer):
    def __init__(self, in_c=3, out_c=3, n_feat=96, scale_unetfeats=48,
kernel_size=3, reduction=4, bias_attr=False):
        super(CMFNet, self).__init__()


        p_act = nn.PReLU()
        self.shallow_feat1 = nn.Sequential(conv(in_c, n_feat // 2, kernel_size,
bias_attr=bias_attr), p_act,
                                           conv(n_feat // 2, n_feat, kernel_size,
bias_attr=bias_attr))
        self.shallow_feat2 = nn.Sequential(conv(in_c, n_feat // 2, kernel_size,
bias_attr=bias_attr), p_act,
                                           conv(n_feat // 2, n_feat, kernel_size,
bias_attr=bias_attr))
        self.shallow_feat3 = nn.Sequential(conv(in_c, n_feat // 2, kernel_size,
bias_attr=bias_attr), p_act,
                                           conv(n_feat // 2, n_feat, kernel_size,
bias_attr=bias_attr))


        self.stage1_encoder = Encoder(n_feat, kernel_size, reduction, p_act,
```

```
bias_attr, scale_unetfeats, 'CAB')
        self.stage1_decoder = Decoder(n_feat, kernel_size, reduction, p_act,
bias_attr, scale_unetfeats, 'CAB')

        self.stage2_encoder = Encoder(n_feat, kernel_size, reduction, p_act,
bias_attr, scale_unetfeats, 'PAB')
        self.stage2_decoder = Decoder(n_feat, kernel_size, reduction, p_act,
bias_attr, scale_unetfeats, 'PAB')

        self.stage3_encoder = Encoder(n_feat, kernel_size, reduction, p_act,
bias_attr, scale_unetfeats, 'SAB')
        self.stage3_decoder = Decoder(n_feat, kernel_size, reduction, p_act,
bias_attr, scale_unetfeats, 'SAB')

        self.sam1o = SAM(n_feat, kernel_size=3, bias_attr=bias_attr)
        self.sam2o = SAM(n_feat, kernel_size=3, bias_attr=bias_attr)
        self.sam3o = SAM(n_feat, kernel_size=3, bias_attr=bias_attr)

        self.mix = Mix(1)
        self.add123 = conv(out_c, out_c, kernel_size, bias_attr=bias_attr)
        self.concat123 = conv(n_feat * 3, n_feat, kernel_size,
bias_attr=bias_attr)
        self.tail = conv(n_feat, out_c, kernel_size, bias_attr=bias_attr)


    def forward(self, x):
        # Compute Shallow Features
        shallow1 = self.shallow_feat1(x)
        shallow2 = self.shallow_feat2(x)
        shallow3 = self.shallow_feat3(x)

        # Enter the UNet-CAB
        x1 = self.stage1_encoder(shallow1)
        x1_D = self.stage1_decoder(x1)
        # Apply SAM
        x1_out, x1_img = self.sam1o(x1_D[0], x)

        # Enter the UNet-PAB
```

```
x2 = self.stage2_encoder(shallow2)
x2_D = self.stage2_decoder(x2)
# Apply SAM
x2_out, x2_img = self.sam2o(x2_D[0], x)


# Enter the UNet-SAB
x3 = self.stage3_encoder(shallow3)
x3_D = self.stage3_decoder(x3)
# Apply SAM
x3_out, x3_img = self.sam3o(x3_D[0], x)


# Aggregate SAM features of Stage 1, Stage 2 and Stage 3
mix_r = self.mix(x1_img, x2_img, x3_img)
mixed_img = self.add123(mix_r[0])


# Concat SAM features of Stage 1, Stage 2 and Stage 3
concat_feat = self.concat123(paddle.concat([x1_out, x2_out, x3_out],
1))

x_final = self.tail(concat_feat)


return x_final + mixed_img
```

2. 模型推理（修复图像）：main.py 文件

（1）编写功能函数：加载模型、图像预处理、处理结果、模型推理

```python
import paddle
import cv2
import matplotlib.pyplot as plt


from cmf.CMFNet import CMFNet


def load_model(model_path):
    """
    加载模型
    :param model_path:
    :return:
    """
```

```
    model = CMFNet()
    model.eval()
    params = paddle.load(model_path)
    model.set_state_dict(params)
    return model
```

```
# 图像预处理
def preprocess(img):
    clip_h, clip_w = [_ % 4 if _ % 4 else None for _ in img.shape[:2]]
    x = img[None, :clip_h, :clip_w, ::-1]
    x = x.transpose(0, 3, 1, 2)
    x = x.astype('float32')
    x /= 255.0
    x = paddle.to_tensor(x)
    return x
```

```
# 处理结果
def postprocess(y):
    y = y.numpy()
    y = y.clip(0.0, 1.0)
    y *= 255.0
    y = y.transpose(0, 2, 3, 1)
    y = y.astype('uint8')
    y = y[0, :, :, ::-1]
    return y
```

```
# 模型推理
@paddle.no_grad()
def run(model, img):
    x = preprocess(img)
    y = model(x)
    deimg = postprocess(y)
    return deimg
```

（2）去模糊

```
def deblur():
    img = cv2.imread('images/deblur_2.png')
```

```
    model = load_model('models/CMFNet_DeBlur.pdparams')
    result_img = run(model, img)
    plt.figure(figsize=(4, 5))
    plt.subplot(211) , plt.axis('off') , plt.title('original') ,
plt.imshow(img)
    plt.subplot(212) , plt.axis('off') , plt.title('result') ,
plt.imshow(result_img)
    plt.axis('off')
    plt.show()
```

（3）去雾

```
def dehaze():
    img = cv2.imread('images/haze_2.png')
    model = load_model('models/CMFNet_DeHaze.pdparams')
    result_img = run(model, img)
    plt.figure(figsize=(4, 5))
    plt.subplot(211) , plt.axis('off') , plt.title('original') ,
plt.imshow(img)
    plt.subplot(212) , plt.axis('off') , plt.title('result') ,
plt.imshow(result_img)
    plt.axis('off')
    plt.show()
```

（4）去雨水

```
def deraindrop():
    img = cv2.imread('images/raindrop_3.png')
    model = load_model('models/CMFNet_DeRainDrop.pdparams')
    result_img = run(model, img)
    plt.figure(figsize=(4, 5))
    plt.subplot(211) , plt.axis('off') , plt.title('original') ,
plt.imshow(img)
    plt.subplot(212) , plt.axis('off') , plt.title('result') ,
plt.imshow(result_img)
    plt.axis('off')
    plt.show()
```

（5）运行主函数，执行推理

```
if __name__ == '__main__':
    deblur()
    dehaze()
    deraindrop()
```

9.5　章节练习

从网上寻找需要修复的图片，编程实现图像修复。

10 图像美颜

10.1 基本概念

图像美颜是指对图像中的人脸进行美化，而美颜实际上是基于图像处理以及图形学的技术。图像处理方面还包含人脸检测、人脸关键点定位、瘦脸、磨皮、美白等。其中最关键的其实是人脸检测和人脸关键点定位技术，该技术主要用于定位人脸轮廓以及各个部位，然后利用其他技术对各个部位进行不同微调，以达成瘦脸、磨皮、美白等美化效果。

人脸检测技术指的是对图片中的人脸进行检测，并定位到图片中人脸的位置。人脸检测技术的难点主要在于，人脸在一张图片中可能存在人脸区域光照条件、人脸姿态变化、人脸表情变化、遮挡等问题。准确地检测出人脸相对来说并不是一件容易的事情。

人脸关键点定位技术是对脸部轮廓以及人脸中眉毛、眼睛、鼻子、嘴巴等各个部分进行定位。人脸关键点定位是紧接在人脸检测后的，首先在一张图片中检测到人脸，然后才能对检测到的人脸做关键点定位。人脸关键点定位技术同人脸检测技术一样，在实际应用中，也存在人脸的尺度、光照、表情、姿态、遮挡等问题。要对绝大多数图片获得准确的人脸关键点，也是一个比较难实现的任务。

10.2 美颜技术

人脸关键点检测是美颜核心技术之一。接下来利用深度学习模型FaceLandmarkLocalization来对人脸关键点进行识别，该模型支持同一张图中的多个人脸检测，并且可以识别人脸中的68个关键点，如图10.1所示。根据检测出的关键点，进行一系列美颜操作。

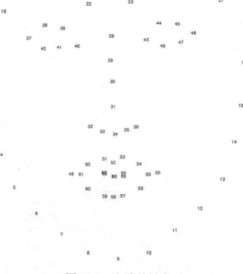

1. 编写美颜功能函数

（1）脸部调整。利用局部平移算法对脸部进行调整，其中将3号点到5号点的距离作为左脸调整距离，将13号点到15号点的距离作为右脸调整距离。

图 10.1　人脸关键点

```python
import cv2
import paddlehub as hub
import matplotlib.pyplot as plt
import matplotlib.image as mpimg
import numpy as np
import math


def thin_face(image):
    """
    调整脸部，此处为瘦脸
    image: 人像图片
    face_landmark: 人脸关键点
    """
    end_point = face_landmark[30]

    # 瘦左脸，3 号点到 5 号点的距离作为瘦脸距离
    dist_left = np.linalg.norm(face_landmark[3] - face_landmark[5])
    image = local_translation_warp(image, face_landmark[3], end_point,
dist_left)

    # 瘦右脸，13 号点到 15 号点的距离作为瘦脸距离
    dist_right = np.linalg.norm(face_landmark[13] - face_landmark[15])
    image = local_translation_warp(image, face_landmark[13], end_point,
dist_right)
    return image


def local_translation_warp(image, start_point, end_point, radius):
    """
    局部平移算法
    """
    radius_square = math.pow(radius, 2)
    image_cp = image.copy()
    # 计算两点距离
    dist_se = math.pow(np.linalg.norm(end_point - start_point), 2)
    height, width, channel = image.shape
```

```
    for i in range(width):
        for j in range(height):
            # 计算该点是否在形变圆的范围之内
            # 优化，第一步，直接判断谁会在（start_point[0]，start_point[1]）的矩阵
框中
            if math.fabs(i - start_point[0]) > radius and math.fabs(j -
start_point[1]) > radius:
                continue

            distance = (i - start_point[0]) * (i - start_point[0]) + (j -
start_point[1]) * (j - start_point[1])

            if (distance < radius_square):
                # 计算出（i,j）坐标的原坐标
                # 计算公式中右边平方号里的部分
                ratio = (radius_square - distance) / (radius_square - distance
+ dist_se)

                ratio = ratio * ratio

                # 映射原位置
                new_x = i - ratio * (end_point[0] - start_point[0])
                new_y = j - ratio * (end_point[1] - start_point[1])

                new_x = new_x if new_x >= 0 else 0
                new_x = new_x if new_x < height - 1 else height - 2
                new_y = new_y if new_y >= 0 else 0
                new_y = new_y if new_y < width - 1 else width - 2

                # 根据双线性插值法得到 new_x, new_y 的值
                image_cp[j, i] = bilinear_interpolation(image, new_x, new_y)

    return image_cp


def bilinear_interpolation(image, new_x, new_y):
    """
    双线性插值法
```

```
"""
# 图像通道数
channel = image.shape[2]
# 对三通道进行处理
if channel == 3:
    x1 = int(new_x)
    x2 = x1 + 1
    y1 = int(new_y)
    y2 = y1 + 1

    part1 = image[y1，x1].astype(np.float) * (float(x2) - new_x) *
(float(y2) - new_y)
    part2 = image[y1，x2].astype(np.float) * (new_x - float(x1)) *
(float(y2) - new_y)
    part3 = image[y2，x1].astype(np.float) * (float(x2) - new_x) * (new_y
- float(y1))
    part4 = image[y2，x2].astype(np.float) * (new_x - float(x1)) * (new_y
- float(y1))

    insert_value = part1 + part2 + part3 + part4

    return insert_value.astype(np.int8)
```

（2）眼部调整。对人像中的眼睛进行缩放操作。根据关键点信息，可以将整个眼睛部位的图像进行局部缩放，实现眼部调整。

```
def enlarge_eyes(image, radius=15, strength=10):
    """
    放大眼睛
    image： 人像图片
    face_landmark：人脸关键点
    radius：眼睛放大范围半径
    strength：眼睛放大程度
    """
    # 以左眼最低点和最高点之间的中点为圆心
    left_eye_top = face_landmark[37]
    left_eye_bottom = face_landmark[41]
    left_eye_center = (left_eye_top + left_eye_bottom) / 2
```

```
        # 以右眼最低点和最高点之间的中点为圆心
        right_eye_top = face_landmark[43]
        right_eye_bottom = face_landmark[47]
        right_eye_center = (right_eye_top + right_eye_bottom) / 2

        # 放大双眼
        image = local_zoom_warp(image , left_eye_center , radius=radius ,
strength=strength)
        image = local_zoom_warp(image , right_eye_center , radius=radius ,
strength=strength)
        return image


    def local_zoom_warp(image, point, radius, strength):
        """
        图像局部缩放算法
        """
        height = image.shape[0]
        width = image.shape[1]
        left = int(point[0] - radius) if point[0] - radius >= 0 else 0
        top = int(point[1] - radius) if point[1] - radius >= 0 else 0
        right = int(point[0] + radius) if point[0] + radius < width else width
- 1
        bottom = int(point[1] + radius) if point[1] + radius < height else height
- 1

        radius_square = math.pow(radius, 2)
        for y in range(top, bottom):
            offset_y = y - point[1]
            for x in range(left, right):
                offset_x = x - point[0]
                dist_xy = offset_x * offset_x + offset_y * offset_y

                if dist_xy <= radius_square:
                    scale = 1 - dist_xy / radius_square
                    scale = 1 - strength / 100 * scale
                    new_x = offset_x * scale + point[0]
```

```
                  new_y = offset_y * scale + point[1]
                  new_x = new_x if new_x >= 0 else 0
                  new_x = new_x if new_x < height - 1 else height - 2
                  new_y = new_y if new_y >= 0 else 0
                  new_y = new_y if new_y < width - 1 else width - 2

                  image[y, x] = bilinear_interpolation(image, new_x, new_y)
         return image
```

（3）唇部调整。在美颜技术中，一般要对唇部进行色彩调整。

```
def rouge(image, ruby=True):
    """
    自动涂口红
    image: 人像图片
    face_landmark: 人脸关键点
    ruby: 是否需要深色口红
    """
    image_cp = image.copy()

    if ruby:
        rouge_color = (0, 0, 255)
    else:
        rouge_color = (0, 0, 200)

    points = face_landmark[48:68]

    hull = cv2.convexHull(points)
    cv2.drawContours(image, [hull], -1, rouge_color, -1)
    cv2.addWeighted(image, 0.2, image_cp, 0.9, 0, image_cp)
    return image_cp
```

（4）美白效果。由于标记出来的68个关键点没有涵盖额头的位置，所以我们需要预估额头位置。为了简单估计额头所在区域，将以0号点、16号点所在线段为直径的半圆作为额头位置。

```
def whitening(image):
    """
    美白
```

```
    """
    # 简单估计额头所在区域
    # 根据 0 号点、16 号点画出额头 (以 0 号、16 号点所在线段为直径的半圆)
    radius = (np.linalg.norm(face_landmark[0] - face_landmark[16]) /
2).astype('int32')
    center_abs = tuple(((face_landmark[0] + face_landmark[16]) /
2).astype('int32'))
    angle = np.degrees(np.arctan((lambda l: l[1] / l[0])(face_landmark[16]
- face_landmark[0]))).astype('int32')
    face = np.zeros_like(image)
    cv2.ellipse(face, center_abs, (radius, radius), angle, 180, 360, (255,
255, 255), 2)


    points = face_landmark[0:17]
    hull = cv2.convexHull(points)
    cv2.polylines(face, [hull], True, (255, 255, 255), 2)


    index = face > 0
    face[index] = image[index]
    dst = np.zeros_like(face)
    # v1:磨皮程度
    v1 = 3
    # v2: 细节程度
    v2 = 2


    tmp1 = cv2.bilateralFilter(face, v1 * 5, v1 * 12.5, v1 * 12.5)
    tmp1 = cv2.subtract(tmp1, face)
    tmp1 = cv2.add(tmp1, (10, 10, 10, 128))
    tmp1 = cv2.GaussianBlur(tmp1, (2 * v2 - 1, 2 * v2 - 1), 0)
    tmp1 = cv2.add(image, tmp1)
    dst = cv2.addWeighted(image, 0.1, tmp1, 0.9, 0.0)
    dst = cv2.add(dst, (10, 10, 10, 255))


    index = dst > 0
    image[index] = dst[index]


    return image
```

2. 加载模型，检测关键点并实现美颜

```
if __name__ == '__main__':
    # 读取将要处理的图片
    src_img = cv2.imread('face_landmark/face_landmark.jpg')
    # 通过 paddlehub 调用人脸关键点模型，如果模型不存在将会自动下载到本地
    module = hub.Module(name="face_landmark_localization")
    # 进行识别
    result = module.keypoint_detection(images=[src_img])
    # 处理结果
    face_landmark = np.array(result[0]['data'][0], dtype='int')
    # 瘦脸
    src_img = thin_face(src_img)
    # 大眼
    src_img = enlarge_eyes(src_img, radius=13, strength=13)
    # 口红
    src_img = rouge(src_img)
    # 美白
    src_img = whitening(src_img)
    result_img = cv2.cvtColor(src_img, cv2.COLOR_BGR2RGB)
    # 展示结果
    plt.figure(figsize=(10, 10))
    plt.imshow(result_img)
    plt.axis('off')
    plt.show()
```

10.3 章节练习

拍一张自拍照，编程实现美颜效果，调整参数，观察不同参数下的美颜效果。

11 图像形态学

11.1 基本概念

图像形态学是使用数学形态学的基本运算，由计算机对图像进行分析，以达到所需结果的一种技术。图像形态学主要用来对图像进行降噪、变形以及提取出图像中形状的分量，如边界、连通区域等。

11.2 腐蚀操作

腐蚀操作一般指将二值图中亮度高的部分也就是白色的部分向内腐蚀，这里用erode函数实现。类似之前学到的图像滤波处理，图像形态学处理也需要一个核来表示腐蚀或者膨胀的大小。这里将使用一个手写字母作为样例图像，如图11.1所示。

（a）original （b）eroded

图 11.1　腐蚀的效果

腐蚀如图11-1所示的效果对应的代码如下。

```python
import cv2
import matplotlib.pyplot as plt
import numpy as np


#读取原图像
img = cv2.imread('morph1.png')
#转换为灰度图像
gray = cv2.cvtColor(img, cv2.COLOR_BGR2GRAY)
#转为二值图像
ret, thresh = cv2.threshold(img, 10, 255, cv2.THRESH_BINARY)
```

```
#腐蚀操作
kernel = np.ones((7,7),np.uint8) #定义腐蚀核
erosion = cv2.erode(thresh,kernel)


# 显示结果
fontsize = 18
plt.figure(figsize=(10, 5))
plt.subplot(121),plt.title('original',fontsize=fontsize),plt.axis('off'),
plt.imshow(thresh, cmap='gray')
plt.subplot(122),plt.title('eroded',fontsize=fontsize),plt.axis('off'),
plt.imshow(erosion[:,:,::-1])
   plt.show( )
```

11.3　膨胀操作

膨胀与腐蚀操作相反，可以视为腐蚀的逆操作。这里使用dilate函数来完成，具体用法和erode一样，同样需要一个核代表膨胀大小。

膨胀的效果如图11.2所示，对应的代码如下。

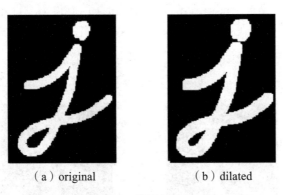

（a）original　　　　　（b）dilated

图 11.2　膨胀的效果

```
import cv2
import matplotlib.pyplot as plt
import numpy as np

#读取原图像
img = cv2.imread('morph1.png')
#转换为灰度图像
gray = cv2.cvtColor(img, cv2.COLOR_BGR2GRAY)
#转为二值图像
```

```
ret，thresh = cv2.threshold(img, 10, 255, cv2.THRESH_BINARY)
#膨胀操作
kernel = np.ones((7,7),np.uint8)
dilation = cv2.dilate(thresh,kernel)


# 显示结果
fontsize = 18
plt.figure(figsize=(10, 5))
plt.subplot(121),plt.title('original',fontsize=fontsize),plt.axis('off'),
plt.imshow(thresh, cmap='gray')
plt.subplot(122),plt.title('dilated',fontsize=fontsize),plt.axis('off'),
plt.imshow(dilation[:,:,::-1])
plt.show( )
```

11.4　开　操　作

　　我们可以看到，单纯的腐蚀和膨胀操作会使得图像在原有形状的基础上发生改变。但是往往我们需要在不改变图像的基础上除去一些噪声或者填充孔洞，此时则需要结合这两种操作。首先为了去除图像上的白噪声，我们可以使用开操作，即先腐蚀再膨胀，可以将小的噪声腐蚀掉且保留大区域的形状骨架,再通过膨胀来还原。这里我们使用morphologyEx函数，并指定操作类型为MORPH_OPEN，计算核和之前保持一致。

　　开操作的效果如图11.3所示，对应的代码如下。

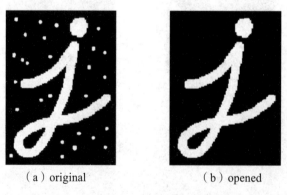

（a）original　　　　　　　　　（b）opened

图 11.3　开操作

```
import cv2
import matplotlib.pyplot as plt
import numpy as np
```

```
#读取原图像
img = cv2.imread('morph2.png')
#转换为灰度图像
gray = cv2.cvtColor(img, cv2.COLOR_BGR2GRAY)
#转为二值图像
ret，thresh = cv2.threshold(img, 10, 255, cv2.THRESH_BINARY)
#开操作
kernel = np.ones((9,9),np.uint8)
opened = cv2.morphologyEx(thresh, cv2.MORPH_OPEN, kernel)

# 显示结果
fontsize = 18
plt.figure(figsize=(10, 5))
plt.subplot(121),plt.title('original',fontsize=fontsize),plt.axis('off'),
plt.imshow(thresh, cmap='gray')
plt.subplot(122),plt.title('opened',fontsize=fontsize),plt.axis('off'),
plt.imshow(opened[:,:,::-1])
plt.show( )
```

11.5　闭　操　作

　　闭操作与开操作相反，当图像存在空隙，或者是黑噪点时，我们可以使用闭操作，即先膨胀再腐蚀，可以将形状中的空洞填补。这里我们同样使用morphologyEx函数，并指定操作类型为MORPH_CLOSE，计算核和之前保持一致。

　　闭操作的效果如图11.4所示，对应的代码如下。

（a）original　　　　　　　（b）closed

图 11.4　闭操作

```
import cv2
import matplotlib.pyplot as plt
```

```
import numpy as np

#读取原图像
img = cv2.imread('morph3.png')
#转换为灰度图像
gray = cv2.cvtColor(img, cv2.COLOR_BGR2GRAY)
#转为二值图像
ret, thresh = cv2.threshold(img, 100, 255, cv2.THRESH_BINARY)
#闭操作
kernel = np.ones((9,9),np.uint8)
closed = cv2.morphologyEx(thresh, cv2.MORPH_CLOSE, kernel)

# 显示结果
fontsize = 18
plt.figure(figsize=(10, 5))
plt.subplot(121),plt.title('original',fontsize=fontsize),plt.axis('off'),
plt.imshow(thresh, cmap='gray')
plt.subplot(122),plt.title('closed',fontsize=fontsize),plt.axis('off'),
plt.imshow(closed[:,:,::-1])
plt.show( )
```

11.6 红细胞计数

结合前面的图像分割技术和本章的图像形态学技术，我们可以对分割后的红细胞图像进行空隙填充与白噪声去除，从而实现红细胞计数。

红细胞计数的步骤如下：

（1）读取原图像。

（2）对原图像进行直方图均衡化。

（3）计算均衡化后的直方图。

（4）根据直方图分割图像。

（5）利用图像形态学技术实现空隙填充。

（6）利用图像形态学技术去除白噪声。

（7）给红细胞计数。

图11.5为空隙填充和白噪声去除的效果图，红细胞计数的代码如下。

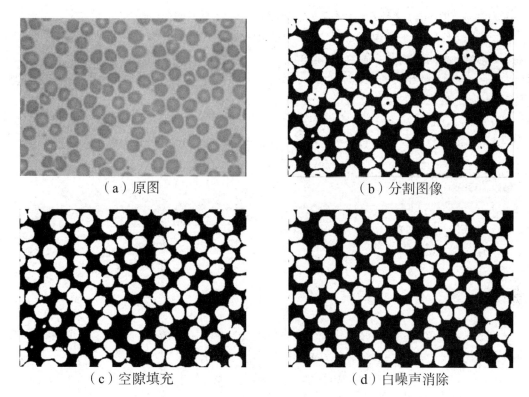

（a）原图　　　　　　　　　　　　　（b）分割图像

（c）空隙填充　　　　　　　　　　　（d）白噪声消除

图 11.5　空隙填充和白噪声去除

```
import cv2 as cv
import numpy as np
import matplotlib.pyplot as plt


image = cv.imread('red.jpg')  # 读取红细胞图像
# 显示红细胞图像，OpenCV 读取的图像格式为 BGR，Matplotlib 显示图像为 RGB
# -1 表示 image 逆序，即 RGB 格式输出显示
plt.imshow(image[:, :, ::-1])
plt.show()


# 灰度图
gray = cv.cvtColor(image, cv.COLOR_BGR2GRAY)
plt.imshow(gray, cmap='gray')
plt.show()


equ = cv.equalizeHist(gray)  # 直方图均衡
plt.imshow(equ, cmap='gray')
plt.show()
```

计算直方图，由于支持多个图像操作，所以除了 mask 所有的参数都要加上[]，
channels 是选择图像的通道；mask 是指掩膜；histSize[256] 指的直方图柱子个数；
ranges 则是指像素值的范围，固定为[0,256]

```
hist = cv.calcHist([equ], [0], None, [256], [0, 256])
```
累计直方图
```
cdf_img = np.cumsum(hist)
plt.figure(figsize=(14, 5))  # 定义画布大小，长宽
plt.subplot(121)  # 1 行 2 列第 1 幅图
plt.plot(hist)
plt.xlim([0, 256])
plt.subplot(122)  # 1 行 2 列第 2 幅图
plt.plot(cdf_img)
plt.xlim([0, 256])
plt.show()
```

阈值，equ 直方图均衡后的图像，cv.THRESH_BINARY_INV 表示阈值的二值化翻转操作，大于
阈值(130)的使用 0 表示，小于阈值(130)的使用最大值(255)表示
```
ret, thresh = cv.threshold(equ, 130, 255, cv.THRESH_BINARY_INV)
plt.imshow(thresh, cmap='gray')
plt.show()
```

空隙填充，第一个 1 表示定义轮廓的检索模式：CV_RETR_EXTERNAL 只检测最外围轮廓，包含
在外围轮廓内的内围轮廓被忽略
第二个 1 表示定义轮廓的近似方法：：CV_CHAIN_APPROX_NONE 保存物体边界上所有连续的轮
廓点到 contours 向量内
```
contour, hier = cv.findContours(thresh, 1, 1)  # 轮廓查找
for cnt in contour:
    cv.drawContours(thresh, [cnt], 0, 255, -1)  # 画轮廓，-1 表示画内轮廓，实现空
隙填充效果，255 表示颜色
plt.imshow(thresh, cmap='gray')
plt.show()
```

为了去除图像上的白噪声，使用 morphologyEx 函数，再使用开操作，即先腐蚀再膨胀，可以
将小的噪声腐蚀掉且保留大区域的形状骨架，再通过膨胀来还原
```
kernel = np.ones((9, 9), np.uint8)  # 计算核
output = cv.morphologyEx(thresh, cv.MORPH_OPEN, kernel)  # cv.MORPH_OPEN 表
示先腐蚀后膨胀
```

```
plt.imshow(output, cmap='gray')
plt.show()


# 红细胞计数

contour, hier = cv.findContours(output, 1, 1)   # 查找轮廓
print('红细胞个数:', len(contour))    # 轮廓计数，实现红细胞计数
```

11.7　章节练习

1. 调整图像形态学操作参数，观察不同参数下图像形态学操作的结果。
2. 从网上找一张需要计数的图片，编程实现计数。

12　增强现实

12.1　基本概念

元宇宙是当前最热门的话题。元宇宙主要依托于XR技术：虚拟现实（VR）+增强现实（AR）。增强现实技术是一种将虚拟信息融合到真实世界的技术，将计算机生成的文字、图像、三维模型等虚拟信息模拟仿真后，应用到真实世界中，两种信息相互补充，从而实现对真实世界的效果增强。增强现实通过定位或者识别的方式来确定此刻观察者的位置和视角，从而获取相机的姿势估计，通俗一点来说就是确定观察者的眼睛往哪个方向看。本章通过向一个棋盘上放置一个立方体的小例子，来简单介绍增强现实技术。

12.2　相机矫正

增强现实通常需要使用到摄像头或者相机，而往往由于相机的内源因素，镜头对平面上不同区域的放大率不同导致拍摄的图像会出现几何畸变，而这种畸变的程度会从画面中央往画面边缘逐渐递增。由于畸变主要源自镜头本身的物理因素，所以在使用摄像头之前首先对其进行矫正是很有必要的。

相机矫正的步骤如下。

（1）首先读取需要矫正的图片，如图12.1所示，这里会用到Python自带的glob模块完成读取一系列类似文件名的文件。

图 12.1　需要矫正的图片

（2）设置目标点：为了解决畸变模型，我们需要提供一些真实点以及其在图片上的对应点以便求解。由于三维时间真实点包含x，y，z轴，但是我们可以默认所有棋盘上的真实点在一个平面上，只用考虑x，y轴的部分。可以通过mgrid来生成目标点。

（3）寻找图像点：为了找到这些真实点对应的图像上的点，我们需要用到OpenCV中的findChessboardCorners函数，指定网格的大小，从而获得一个成功与否的返回值以及对应的坐标点，如图12.2所示。由于需要对每一张图片进行处理，且记录是否存在合适的对应网格点，故这里需要用到for循环。另外我们也可以使用drawChessboardCorners来查看这些点的具体位置信息。

图 12.2　寻找图像点

（4）获取相机矫正矩阵：我们已经获取到足够多的对应点信息，这里可以用calibrateCamera直接完成相机的矫正，输入真实点坐标、图像点的坐标以及源图像的大小。返回值中我们主要关注相机矩阵mtx以及失真系数dist，其中，相机矩阵为

$$[[1.43155279e+03\ 0.00000000e+00\ 9.46455955e+02]$$
$$[0.00000000e+00\ 1.43674322e+03\ 5.56016929e+02]$$
$$[0.00000000e+00\ 0.00000000e+00\ 1.00000000e+00]]$$

失真系数为

$$[[-0.42985288\ \ 0.46389123\ -0.00275088\ \ 0.00068795\ -0.44074599]]$$

（5）当我们已经获取到相机的上述参数后，便可以直接对该摄像头下的畸变图像进行矫正了，这里需要使用undistort函数来输入相机矩阵以及失真系数，最后可以看到明显的差异，图中方格之间的连线明显从曲线变为直线，如图12.3所示。

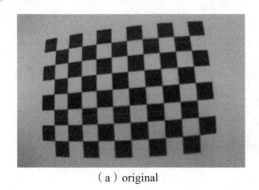

（a）original　　　　　　　　　　（b）calibrated

图 12.3　矫正图像

上述相机矫正步骤的实现代码如下。

```
import cv2 as cv
import matplotlib.pyplot as plt
import numpy as np
import glob

'''
(1) glob 读取文件夹下所有 .jpg 后缀的图像
'''
images = glob.glob('data/camera/*.jpg')
# 读取并展示第一张图
img = cv.imread(images[0])
plt.imshow(img)
plt.show()


'''
(2) 设置目标点
通过 mgrid 来生成目标点。
通过 np.mgrid 生成网格；定义棋盘格世界坐标系坐标点，如(0,0,0)，(1,0,0)，
(2,0,0),....,(9,6,0)
'''

objp = np.zeros((10*7, 3), np.float32)
objp[:, :2] = np.mgrid[0:10, 0:7].T.reshape(-1, 2)


'''
(3) 寻找图像点
'''
objpoints = []
imgpoints = []
for fname in images:
    img = cv.imread(fname)  # 读取图像
    gray = cv.cvtColor(img, cv.COLOR_BGR2GRAY)  # 转换成灰度图
    ret, corners = cv.findChessboardCorners(gray, (10, 7), None)  # 查找棋盘
格内角点，ret 查找是否成功的 flag
    if ret:
        objpoints.append(objp)
```

```
        imgpoints.append(corners)
        img = cv.drawChessboardCorners(img, (10, 7), corners, ret)  # 在图像
上画出查找到的角点
        plt.imshow(img)
        plt.show()


'''
（4）相机矫正矩阵
传入所有图片各自角点的三维、二维坐标，相机标定。
每张图片都有自己的旋转和平移矩阵，但是相机内参和畸变系数只有一组。
mtx：相机内参；dist：畸变系数；rvecs：旋转矩阵；tvecs：平移矩阵。
'''
ret, mtx, dist, rvecs, tvecs = cv.calibrateCamera(objpoints, imgpoints,
gray.shape[::-1], None, None)
print(mtx)  # 打印相机内参
print(dist)   # 打印畸变系数


'''
（5）矫正图像
大家可以尝试对其他范例图片进行矫正。
'''
img = cv.imread('data/camera/7.jpg')
# 纠正畸变
dst = cv.undistort(img, mtx, dist, None, None)
fontsize = 18
plt.figure(figsize=(10, 10))
plt.subplot(211),plt.title('original',fontsize=fontsize),plt.axis('off'),
plt.imshow(img, cmap='gray')
plt.subplot(212) ,  plt.title('calibrated' ,  fontsize=fontsize) ,
plt.axis('off'), plt.imshow(dst, cmap='gray')
plt.show( )
plt.show()
```

12.3 姿势估计

在上一节中，我们已经学习了如何对相机畸变进行矫正，接下来需要完成姿态估计，
即判断目标平面的位置以及方向，从而完成简单的投影过程。姿态估计同样需要找到图像

的真实点以及对应点，同时还需要在已知相机各种参数的情况下进行，从而判断图像所处的姿态。完成姿势估计后，我们在棋盘上绘制一个立方体，初步展示增强现实的效果。本节将使用上一个实验学习到的一些方法继续完成姿态估计，并介绍一些简单的绘图方法。

图像姿势估计及立方体绘制步骤如下。

（1）获取相机参数。由于处于同样的摄像机下，所以参数条件需要保持一致，我们需要把上一节计算出的相机矩阵参数mtx以及失真系数dist复制过来。

（2）读取图像，设置目标点并寻找图像点。该步骤实现与上一节一致，如图12.4所示。

图 12.4　读取图像并寻找图像点

（3）姿态估计。回忆第4章图像几何变换部分，这里将使用solvePnPRansac函数来求解姿态，即寻找此时图像的旋转和平移参数。另外还需要使用projectPoints来找到一个小的坐标轴对应在此图像中的投影点，可以查看如下投影点的坐标情况。

$$[[[1176.431 \quad 455.2014]]$$

$$[[997.953 \quad 154.97954]]$$

$$[[1319.5913 \quad 122.63053]]]$$

（4）绘制坐标轴。我们使用OpenCV中自带的画图功能来完成坐标轴的绘制，这里会用到line函数来绘制不同颜色的直线，如图12.5所示。注意这里并没有对图像进行校正，当然读者可以自行尝试在矫正后的图像上绘制坐标轴。

（5）绘制立方体。我们使用drawContours函数绘制大面积颜色区域来形成小色块的视觉效果，如图12.6所示。

图 12.5　利用 line 绘制不同颜色的直线

图 12.6　使用 drawContours 函数绘制大面积颜色区域

上述步骤的实现代码如下。

```python
import cv2 as cv
import matplotlib.pyplot as plt
import numpy as np


'''
(1) 获取相机参数。
'''
mtx = np.array([[1.43155279e+03, 0.00000000e+00, 9.46455955e+02],
  [0.00000000e+00, 1.43674322e+03, 5.56016929e+02],
  [0.00000000e+00, 0.00000000e+00, 1.00000000e+00]])
dist = np.array([[-0.42985288, 0.46389123, -0.00275088, 0.00068795,
-0.44074599]])
print(mtx)
print(dist)


'''
（2）读取图像。
'''
img = cv.imread('data/camera/3.jpg')
gray = cv.cvtColor(img, cv.COLOR_BGR2GRAY)
# 查找角点
ret, corners = cv.findChessboardCorners(gray, (10, 7), None)
# np.mgrid 网格：定义棋盘格世界坐标系坐标点，如(0,0,0)，(1,0,0)，
(2,0,0),....,(9,6,0)
objp = np.zeros((10*7, 3), np.float32)
objp[:, :2] = np.mgrid[0:10, 0:7].T.reshape(-1, 2)
# 绘制角点
img2 = cv.drawChessboardCorners(img, (10, 7), corners, ret)
plt.imshow(img2)
plt.show()


'''
（3）姿态估计。
'''
# 查找旋转和平移向量
_, rvecs, tvecs, inliers = cv.solvePnPRansac(objp, corners, mtx, dist)
```

```python
axis = np.float32([[3, 0, 0], [0, 3, 0], [0, 0, -3]]).reshape(-1, 3)
# 将 3D 点投影到图像平面点
imgpts, jac = cv.projectPoints(axis, rvecs, tvecs, mtx, dist)
print(imgpts)

'''
(4)绘出坐标轴。
'''
# 画 3D 坐标轴
def draw(img, corners, imgpts):
    corner = tuple(corners[0].ravel().astype(int))
    img = cv.line(img, corner, tuple(imgpts[0].ravel().astype(int)), (255, 0, 0), 5)
    img = cv.line(img, corner, tuple(imgpts[1].ravel().astype(int)), (0, 255, 0), 5)
    img = cv.line(img, corner, tuple(imgpts[2].ravel().astype(int)), (0, 0, 255), 5)
    return img
img = draw(img, corners, imgpts)
plt.imshow(img)
plt.show()

'''
(5)绘制立方体。
'''
# 更换坐标，3D 空间中立方体的 8 个角:
axis = np.float32([[0, 0, 0], [0, 3, 0], [3, 3, 0], [3, 0, 0],
                   [0, 0, -3], [0, 3, -3], [3, 3, -3], [3, 0, -3]])
# 将 3D 点投影到图像平面点
imgpts, jac = cv.projectPoints(axis, rvecs, tvecs, mtx, dist)

def draw(img, corners, imgpts):
    imgpts = np.int32(imgpts).reshape(-1, 2)
    img = cv.drawContours(img, [imgpts[:4]], -1, (0, 255, 0), -3)
    for i, j in zip(range(4), range(4, 8)):
        img = cv.line(img, tuple(imgpts[i]), tuple(imgpts[j]), (255), 3)
    img = cv.drawContours(img, [imgpts[4:]], -1, (0, 0, 255), 3)
```

```
   return img
img = draw(img, corners，imgpts)
plt.imshow(img)
plt.show()
```

12.4　章节练习

拍一张中国象棋棋盘图片，编程实现在上面放置一个立方体。

13　视频处理

13.1　简　　介

我们迄今为止学习到的任务都是基于数字图像完成的。而在现实生活中，视觉数据不单单以图像的形式出现，同样还有大量的视频数据，例如影视、摄像数据。尽管视频数据是由图像数据以及一些可能的音频和字幕组合起来的，但是在计算机视觉中，我们要重点关注图像这部分内容。这意味着在很多情况下我们需要将视频视为一些数字图像组合的载体来处理，在运用之前学到的图像形态学方法的基础上，继续学习与视频相关的知识。

13.2　目标跟踪

视频处理中的一个基础任务就是追踪目标物体，对标定的物体进行连续的跟踪。尽管现在有很多复杂的神经网络来完成目标检测以及追踪，但是传统的追踪方法只用到了一些简单的直方图分布特征就可以完成类似任务的雏形，本节将通过一个简单的汽车跟踪的例子让读者了解如何使用均值漂移来简单地进行视频追踪。

目标跟踪任务实现步骤如下。

（1）读取视频。首先读取视频并保存视频第一帧图像。

（2）标定目标。通过PS打开第一帧图像，如图13.1所示，用一个矩形框把目标汽车框起来，如图13.2所示。查看矩形框的4个顶点的坐标，并记录。为了确保目标不要包含过多的背景，在这里我们将目标范围相对缩小一点。

图 13.1　视频第一帧图像

图 13.2　目标汽车

（3）计算特征直方图。针对我们记录的目标区域，需要用之前学习到的方法calcHist计算特征直方图。

（4）反向投影。为了完成追踪的任务，需要找到目标特征匹配的区域，这里我们将用到反向投影技术，即根据目标的色相直方图特征，对下一帧的色相进行反向匹配，匹配度越高的区域亮度越大，可以看到中心的汽车区域亮度较高。使用OpenCV中的calcBackProject函数，输入hsv模型、色相对应的通道序数0、目标区域直方图、取值范围，可以得到反向投影的灰度图像，如图13.3所示。

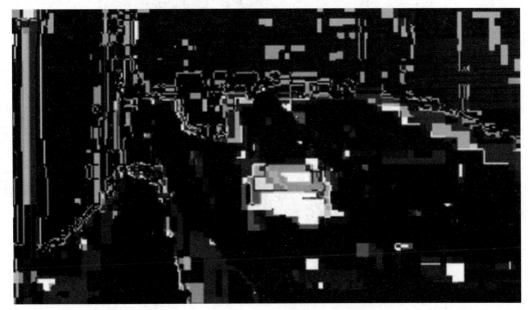

图 13.3　反向投影

（5）均值漂移。输入视频、目标特征、初始特征框、基于初始的目标区域框以及反向投影图，使用meanShift，指定一些停止条件来完成均值漂移的任务，并生成下一帧的目标矩形框，循环对视频进行追踪，如图13.4所示。

图 13.4　均值漂移

上述任务对应的代码如下，需要写两个Python文件，第一个Python文件用于获取视频第一帧图像，用于在PS中观察目标外接矩形的顶点坐标，第二个Python文件先用观察到的顶点坐标标定目标，然后进行目标跟踪。

```python
import cv2 as cv

# 读取视频
cap = cv.VideoCapture('data/traffic.mp4')
```

```python
# 获取视频第一帧
ret, frame = cap.read()
# 保存视频
cv2.imwrite('first.jpg', frame)
import numpy as np
import cv2 as cv
import matplotlib.pyplot as plt


# (1)读取视频
cap = cv.VideoCapture('data/traffic.mp4')
# 查看视频信息
print(cap.get(cv.CAP_PROP_FRAME_WIDTH))  # 宽
print(cap.get(cv.CAP_PROP_FRAME_HEIGHT))  # 高
# 帧数
print(cap.get(cv.CAP_PROP_FPS))
print(cap.get(cv.CAP_PROP_FRAME_COUNT))


# （2）标定目标
# 获取视频第一帧
ret, frame = cap.read()
plt.imshow(frame[:, :, ::-1])
plt.show()
# 设置窗口的初始位置，通过画图或者 PS 打开第一帧图像查看像素坐标，或者根据显示的感兴趣区
# 域图像逐步调整坐标
x, y, w, h = 300, 200, 100, 50
track_window = (x, y, w, h)
# 设置 ROI 感兴趣区域进行跟踪
roi = frame[y:y+h, x:x+w]
plt.imshow(roi[:, :, ::-1])
plt.show()


# (3)计算特征直方图
hsv_roi = cv.cvtColor(roi, cv.COLOR_BGR2HSV)  # 转换成 HSV 颜色空间
# cv.inRange 提取颜色，并把该颜色的区域设置为白色，其余的设置为黑色。0.~180. 60.~
# 255. 32.~255.
mask = cv.inRange(hsv_roi, np.array((0., 60., 32.)), np.array((180., 255.,
255.)))  # 掩膜
```

```
roi_hist = cv.calcHist([hsv_roi], [0], mask, [180], [0, 180])  # 计算直方图，
mask 掩膜，即图像操作的感兴趣区域

cv.normalize(roi_hist, roi_hist, 0, 255, cv.NORM_MINMAX)  # 最大最小值归一化
# 设置终止标准，10 次迭代或至少移动 1
term_crit = (cv.TERM_CRITERIA_EPS | cv.TERM_CRITERIA_COUNT, 10, 1)
while True:
    # 循环读取图像帧
    ret, frame = cap.read()
    if ret:
        # （4）反向投影
        hsv = cv.cvtColor(frame, cv.COLOR_BGR2HSV)  # 转换成 HSV 空间
        dst = cv.calcBackProject([hsv], [0], roi_hist, [0, 180], 1)  # 直方图
反向投影
        # （5）均值漂移
        ret, track_window = cv.meanShift(dst, track_window, term_crit)  #
meanShift 算法获取坐标
        # （6）绘制目标跟踪结果
        x, y, w, h = track_window
        image2 = cv.rectangle(frame, (x, y), (x+w, y+h), 255, 2)  # 利用坐标画
矩形框

        cv.imshow('img2', image2)
        k = cv.waitKey(30) & 0xff  # 等待操作时长，30
        if k == 27:  # ESC 键结束
            break
    else:
        break
```

13.3　视频分割

我们前面介绍过图像的分割，视频也有分割的需求。视频分割可以将视频转化为一张张图像，也可以根据视频本身的特性，通过分析前景与背景的更新来把前景和背景分割开来。本节将介绍一种基于K近邻的背景去除方法，来实现视频的分割。

如图13.5所示，基于K近邻的背景去除任务实现步骤如下。

（1）读取视频。首先读取视频并查看视频的一些基本信息。

（2）读取视频当前帧。

（3）使用OpenCV中的createBackgroundSubtractorKNN()函数实现背景去除。

（4）使用图像形态学技术去噪。

（5）循环迭代（2）～（4）直到处理完整个视频。

图 13.5　视频分割

上述任务的实现代码如下。

```
import cv2 as cv
import numpy as np


# 读取视频
cap = cv.VideoCapture('data/people.mp4')  # 读取视频
# 基于 K 近邻的背景前景区分算法，用于生成前景掩码
backSub = cv.createBackgroundSubtractorKNN()
if not cap.isOpened():
    print('Unable to open: ')
    exit(0)
while True:
    ret, frame = cap.read()
```

```
if frame is None:
    break
# 每一帧都用于计算前景模板和更新背景。
fgMask = backSub.apply(frame)

# 腐蚀膨胀操作降噪
kernel = np.ones((2, 2), np.uint8)  # 计算核
output = cv.morphologyEx(fgMask, cv.MORPH_OPEN, kernel)  # cv.MORPH_OPEN
先腐蚀后膨胀

# 矩形框 putText 帧数显示
cv.rectangle(frame, (10, 2), (100, 20), (255, 255, 255), -1)
cv.putText(frame, str(cap.get(cv.CAP_PROP_POS_FRAMES)), (15, 15),
cv.FONT_HERSHEY_SIMPLEX, 0.5, (0, 0, 0))

cv.imshow('frame', frame)  # 原视频帧
cv.imshow('fgMask', output)  # 背景去除视频帧

keyboard = cv.waitKey(30)
if keyboard == 'q' or keyboard == 27:  # ESC 结束
    break
```

13.4　章节练习

1. 拍摄一段视频，编程实现目标跟踪。
2. 拍摄一段视频，编程实现视频分割。

参考文献

[1] A Krizhevsky,I Sutskever,G Hinton. ImageNet classification with deep convolutional neural networks. In NIPS'2012.

[2] Alexander Kirillov,Kaiming He,Ross Girshick,Carsten Rother,Piotr Dollár. Panoptic Segmentation. In CVPR 2019.

[3] Liang-Chieh Chen,Yukun Zhu,George Papandreou,Florian Schroff，Hartwig Adam. Encoder-Decoder with Atrous Separable Convolution for Semantic Image Segmentation. arXiv preprint arXiv: 1802.02611.

[4] Chi-Mao Fan,Tsung-Jung Liu,Kuan-Hsien Liu. Compound Multi-branch Feature Fusion for Real Image Restoration. arXiv preprint arXiv: 2206.02748v1.

[5] 强振平，何丽波，陈旭，徐丹。深度学习图像修复方法综述[J]. 中国图象图形学报，2019(3):17.

[6] 张铮等. 精通 Matlab 数字图像处理与识别[M]. 北京：人民邮电出版社，2013.

[7] 冈萨雷斯著. 数字图像处理[M]. 阮秋琦译. 北京：电子工业出版社，2009.

反侵权盗版声明

电子工业出版社依法对本作品享有专有出版权。任何未经权利人书面许可，复制、销售或通过信息网络传播本作品的行为；歪曲、篡改、剽窃本作品的行为，均违反《中华人民共和国著作权法》，其行为人应承担相应的民事责任和行政责任，构成犯罪的，将被依法追究刑事责任。

为了维护市场秩序，保护权利人的合法权益，我社将依法查处和打击侵权盗版的单位和个人。欢迎社会各界人士积极举报侵权盗版行为，本社将奖励举报有功人员，并保证举报人的信息不被泄露。

举报电话：（010）88254396；（010）88258888

传　　真：（010）88254397

E-mail：　dbqq@phei.com.cn

通信地址：北京市万寿路南口金家村288号华信大厦

　　　　　电子工业出版社总编办公室

邮　　编：100036